测绘工程技术与工程地质勘察研究

侯　璐　聂广波　魏传安　主编

U0323714

哈尔滨出版社

HARBIN PUBLISHING HOUSE

图书在版编目（CIP）数据

测绘工程技术与工程地质勘察研究 / 侯璐，聂广波，
魏传安主编 . -- 哈尔滨 ： 哈尔滨出版社，2023.1

ISBN 978-7-5484-7111-0

Ⅰ . ①测… Ⅱ . ①侯… ②聂… ③魏… Ⅲ . ①工程—
测绘—研究②工程地质勘察—研究 Ⅳ . ① TB2 ② P642

中国国家版本馆 CIP 数据核字（2023）第 049463 号

书　　名：**测绘工程技术与工程地质勘察研究**
CEHUI GONGCHENG JISHU YU GONGCHENG DEZHI KANCHA YANJIU

作　　者：侯　璐　聂广波　魏传安　主编

责任编辑：张艳鑫

封面设计：张　华

出版发行：哈尔滨出版社（Harbin Publishing House）

社　　址：哈尔滨市香坊区泰山路 82-9 号　邮编：150090

经　　销：全国新华书店

印　　刷：廊坊市广阳区九洲印刷厂

网　　址：www.hrbcbs.com

E - mail：hrbcbs@yeah.net

编辑版权热线：（0451）87900271　87900272

开　　本：787mm×1092mm　1/16　印张：10.25　字数：220 千字

版　　次：2023 年 1 月第 1 版

印　　次：2023 年 1 月第 1 次印刷

书　　号：ISBN 978-7-5484-7111-0

定　　价：76.00 元

凡购本社图书发现印装错误，请与本社印制部联系调换。

服务热线：（0451）87900279

编委会

主 编

侯 璐 天津市浩鸿科技发展有限公司

聂广波 山东省物化探勘查院

魏传安 济南市章丘区建筑业服务中心

副主编

安平利 广州欧科信息技术股份有限公司

曹 飞 郑州市交通规划勘察设计研究院

渠鹏帅 郑州市交通规划勘察设计研究院

汪 亮 郑州市交通规划勘察设计研究院

王 峰 泰安方元测绘有限公司

王晓端 东营市东旭房地产中介评估测绘有限公司

王永广 开封市开封新区集英测绘信息有限公司

张 宁 中国冶金地质总局第一地质勘查院

前　言

随着我国科学技术水平的持续提升，越来越多的创新技术被广泛应用在地质勘查中，具有较好的适用性，进一步提高了地质勘查水平，为社会经济建设的发展奠定了基础。由于测绘技术具有实用性较高的优势，将其广泛应用到地质勘查工作中有一定的实际意义。由于我国经济的飞速发展，直接带动了我国地质勘查行业的快速健康发展，测绘技术也随着我国整体地质勘查行业的改变而持续发展。因此，应该进一步加强新型测绘技术的研究和运用。

随着社会以及经济的不断发展和进步，测绘技术在人们的现实生活中占据的分量已经越来越重，其关系也越来越无法分离。就目前而言，该项技术已经发展成为我国地质勘查领域最为先进的前沿性技术。除了地质勘查领域，在很多领域都有着极其广泛的应用。就测绘技术本身而言，经过这么多年的发展和改进，无论是核心技术，还是应用成熟度，都有了极大的提升。

地质的测绘对地质调查及矿产勘查有着重要意义，随着近些年科技的进步，测绘技术变得更加先进，虽然在人们的日常生活中很少涉及测绘技术，但在现实生活中，其实有很多地方都运用到了测绘技术。虽然测绘技术在地质勘探中的应用已经达到了一定的水平，但是在科学技术不断发展和进步的同时，该技术仍然需要不断改革和创新，才能一直跟随时代发展的潮流，为我国的地质勘查工作做出更大的贡献。

目 录

第一章　测绘基础

第一节　测绘基础知识

一、测绘学概念、研究内容和作用

1. 测绘学的基本概念

测绘学是以地球为研究对象，对其进行测定和描绘的科学。我们可以将测绘理解为利用测量仪器测定地球表面自然形态的地理要素和地表人工设施的形状、大小、空间位置及其属性等，然后根据观测到的数据通过地图制图的方法将地面的自然形态和人工设施等绘制成地图，通过地图的形式建立并反映地球表面实地和地形图的相互对应关系的一系列工作。在测绘范围较小的区域，可以不考虑地球曲率的影响而将地面当成平面；当测量范围是大区域，如一个地区、一个国家，甚至全球，由于地球表面不是平面，测绘工作和测绘学所要研究的问题就不像上面那样简单，而是变得复杂得多。此时，测绘学不仅研究地球表面的自然形态和人工设施的几何信息的获取和表述问题，还要把地球作为一个整体，研究获取和表述其几何信息之外的物理信息，如地球重力场的信息以及这些信息随时间的变化、随着科学技术的发展和社会的进步。测绘学的研究对象不仅是地球，还需要将其研究范围扩大到地球外层空间的各种自然和人造实体。因此，测绘学完整的基本概念是研究实体（包括地球整体、表面以及外层空间各种自然和人造的物体）中和地理空间分布有关的各种几何、物理、人文及其随时间变化的信息的采集、处理、管理、更新和利用的科学与技术。就地球而言，测绘学就是研究测定和推算地面及其外层空间点的几何位置，确定地球形状和地球重力场，获取地球表面自然形态和人工设施的几何分布以及与其属性有关的信息，编制全球或局部地区的各种比例尺的普通地图和专题地图，建立各种地理信息系统，为国民经济发展和国防建设以及地学研究服务。因此，测绘学主要研究地球多种时空关系的地理空间信息，与地球科学研究关系密切，可以说，测绘学是地球科学的一个分支学科。

2．测绘学的研究内容

测绘学的研究内容很多，涉及许多方面，现仅就测绘地球来阐述其主要内容。

（1）根据研究和测定地球形状、大小及其重力的成果建立一个统一的地球坐标系统，用以表示地球表面及其外部空间任一点在这个地球坐标系中准确的几何位置。由于地球的外形接近一个椭球（称为地球椭球），因此地面上的任一点可用该点在地球椭球面上的经纬度和高程表示其几何位置。

（2）根据已知大量的地面点的坐标和高程，进行地表形态的测绘工作，包括地表的各种自然形态，如水系、地貌、土壤和植被的分布，也包括人类社会活动所产生的各种人工形态，如居民地、交通线路和各种建筑物等。

（3）采用各种测量仪器和测量方法所获得的自然界和人类社会现象的空间分布、相互联系及其动态变化信息，并按照地图制图的方法和技术进行反映和展示出来的数据收集即为地图测绘。对小面积的地表形态的测绘工作，可以利用普通测量仪器，通过平面测量和高程测量的方法直接测绘各种地图；对大面积的地表形态的测绘工作，先用传感器获取区域地表形态和人工设施空间分布的影像信息，再根据摄影测量理论和方法间接测绘各种地图。

（4）各种工程建设和国防建设的规划、设计、施工和建筑物建成后的运营管理中，都需要进行相应的测绘工作，并利用测绘资料引导工程建设的实施，监视建筑物的形变。这些测绘工程往往需要根据具体工程的要求，采取专门的测量方法。对一些特殊的工程，还需要特定的高精度测量仪器或使用特种测量仪器去完成相应的测量任务。

（5）在海洋环境（包括江河湖泊）中进行测绘工作，同陆地测量有很大的区别。前者的主要特点是，测量内容综合性强，需多种仪器配合施测，同时完成多种观测项目，测区条件比较复杂，海面受潮汐、气象因素等影响起伏不定，大多数为动态作业，观测者不能用肉眼透视水域底部，精确测量难度较大，因此要研究海洋水域的特殊测量方法和仪器设备，如无线电导航系统、电磁波测距仪器、水声定位系统、卫星组合导航系统、惯性组合导航系统以及天文方法等。

（6）由于测量仪器构造上有不可避免的缺陷、观测者的技术水平和感觉器官的局限性以及自然环境的各种因素，如气温、气压、风力、透明度和大气折射光等变化，因此上述因素对测量工作都会产生影响，给观测结果带来误差。虽然随着测绘科技的发展，测量仪器可以制造得越来越精密，甚至可以实现自动化或智能化；观测者的技术水平可以不断提高，能够非常熟练地进行观测，但也只能减小观测误差，将误差控制在一定范围内，而不能完全消除它们。因此，在测量工作中必须研究和处理这些带有误差的观测值，设法消除或削弱其误差，以便提高被观测量的质量，这就是测绘学中的测量数据处理和平差问题。它是依据一定的数学准则，如最小二乘准则，由一系列带有观测误差的测量数据，求定未知量的最佳估值及其精度的理论和方法。

（7）将承载各种信息的地图图形进行地图投影、综合、编制、整饰和制印，或者增加某些专门要素，形成各种比例尺的普通地图和专题地图。因此，传统地图学就是要研究地图制作的理论、技术和工艺。

（8）测绘学的研究和工作成果最终要服务于国民经济建设、国防建设以及科学研究，因此要研究测绘学在社会经济发展的各个相关领域中的应用。

3.测绘学的作用

（1）测绘学在科学研究中的作用。地球是人类和其他动植物赖以生存和发展的唯一星球。经过古往今来人类的活动和自然变迁，如今的地球正变得越来越躁动不安，人类正面临一系列全球性或区域性的重大难题和挑战，测绘学在探索地球的奥秘和规律、深入认识和研究地球的各种问题中发挥着重要作用。由于现代测量技术已经或将要实现无人工干预自动连续观测和数据处理，可以提供几乎任意时域分辨率的观测系列，具有检测瞬时地学事件（如地壳运动、重力场的时空变化、地球的潮汐和自转变化等）的能力，因此这些观测成果可以用于地球内部物质结构和演化的研究，比如说，大地测量观测结果在解决地球物理问题中可以起着某种佐证作用。

（2）测绘学在国民经济建设中的作用。测绘学在国民经济建设中具有广泛的作用。在经济发展规划、土地资源调查和利用、海洋开发、农林牧渔业的发展、生态环境保护以及各种工程、矿山和城市建设等各个方面都必须进行相应的测量工作，编制各种地图和建立相应的地理信息系统，以供规划、设计、施工、管理和决策使用。例如，在城市化进程中，城市规划、乡镇建设和交通管理等都需要城市测绘数据、高分辨率卫星影像、三维景观模型、智能交通系统和城市地理信息系统等测绘高新技术的支持。在水利、交通、能源和通信设施的大规模、高难度工程建设中，不但需要精确勘测和大量现势性强的测绘资料，而且需要在工程全过程中采用地理信息数据进行辅助决策。丰富的地理信息是国民经济和社会信息化的重要基础，传统产业的改造、优化、升级与企业生产经营，发展精细农业，构建"数字中国"和"数字城市"，发展现代物流配送系统和电子商务，实现金融、财税和贸易信息化等，都需要以测绘数据为基础的地理空间信息平台。

（3）测绘学在国防建设中的作用。在现代化战争中，武器的定位、发射和精确制导需要高精度的定位数据、高分辨率的地球重力场参数、数字地面模型和数字正射影像。以地理空间信息为基础的战场指挥系统，可持续、实时地提供虚拟数字化战场环境信息，为作战方案的优化、战场指挥和战场态势评估实现自动化、系统化和信息化提供测绘数据和基础地理信息保障。这里，测绘信息可以提高战场上的精确打击力，夺得战争胜利或获得主动性。公安部门合理部署警力，有效预防和打击犯罪也需要电子地图、全球定位系统和地理信息系统的技术支持。为建立国家边界及国内行政界线，测绘空间数据库和多媒体地理信息系统不仅在实际疆界划定工作中起着基础信息的作用，而且对边界谈判、缉私禁毒、边防建设和界线管理等均有重要的作用，尤其是测绘信息中的许多内容涉及国家主权和利益，决不可失其严肃性和严密性。

（4）测绘学在国民经济建设和社会发展中的作用。国民经济建设和社会发展的大多数活动是在广泛的地域空间进行的。政府部门或职能机构既要及时了解自然和社会经济要素的分布特征和资源环境条件，也要进行空间规划布局，还要掌握空间发展状态和政策的空间效应。但由于现代经济和社会的快速发展与自然关系的复杂性，使人们解决现代经济和社会问题的难度增加，因此，为实现政府管理和决策的科学化、民主化，需要提供广泛通用的地理空间信息平台，测绘数据是其基础。在此基础上，将大量经济和社会信息加载到这个平台上，形成符合真实世界的空间分布形式，建立空间决策系统，进行空间分析和管理决策，以及实施电子政务。当下，人类正面临环境日趋恶化、自然灾害频繁、不可再生能源和矿产资源匮乏以及人口膨胀等社会问题。社会、经济迅速发展和自然环境之间产生了巨大矛盾。要解决这些矛盾，维持社会的可持续发展，必须了解地球的各种现象及其变化和相互关系，采取必要措施来约束和规范人类自身的活动，减少或防范全球变化向不利于人类社会的方面演变，指导人类合理利用和开发资源，有效地保护和改善环境，积极防治和抵御各种自然灾害，不断改善人类的生存和生活环境质量。在防灾减灾、资源开发和利用、生态建设与环境保护等影响社会可持续发展的种种因素方面，各种测绘和地理信息可用于规划、方案的制定，灾害、环境监测系统的建立，风险的分析，资源、环境调查与评估，可视化的显示以及决策指挥等。

二、测绘学的学科分类

随着测绘科学技术的发展和时间的推移，测绘学的学科分类有着多种不相同的分类方法，按传统方法可将测绘学分为下面几种学科。

1. 大地测量学

大地测量学是一门量测和描绘地球表面的科学，是测绘学的一个分支。该学科主要是研究和测定地球形状、大小、地球重力场、整体和局部运动和地表面点的几何位置以及它们变化的理论和技术。在大地测量学中，测定地球的大小是指测定地球椭球的大小，研究地球形状是指研究大地水准面的形状（或地球椭球的扁率），测定地面点的几何位置是指测定以地球椭球面为参考面的地面点位置。将地面点沿椭球法线方向投影到地球椭球面上，用投影点在椭球面上的大地经纬度表示该点的水平位置，用地面至地球椭球面上投影点的法线距离表示该点的大地高程。在一般应用领域，如水利工程，还需要以平均海水面（大地水准面）为起算面的高度，即通常所称的海拔高。

大地测量学的基本内容包括根据地球表面和外部空间的观测数据，确定地球形状和重力场，建立统一的大地测量坐标系；测定并描述地壳运动、地极移动和潮汐变化等地球动力学现象；建立国家大地水平控制网、精密水准网和海洋大地控制网，满足国家经济、国防建设的需要；研究大规模、高精度和多类别的地面网、空间网和联合网的观测技术和数据处理理论与方法；研究解决地球表面的投影变形及其他相应大地测量中的计算问题。

大地测量系统规定了大地测量的起算基准、尺度标准及其实现方式。由固定在地面上的点所构成的大地网或其他实体，按相应于大地测量系统的规定模式构建大地测量参考框架，大地测量参考框架是大地测量系统的具体应用形式。大地测量系统包括坐标系统、高程系统、深度基准和重力参考系统。

2. 摄影测量学

摄影测量学是研究利用摄影或遥感的手段获取目标物的影像数据，从中提取几何的或物理的信息，并用图形、图像和数字形式表达测绘成果的学科。它的主要研究内容包括获取目标物的影像，并对影像进行测量和处理，将所测得的成果用图形、图像或数字表示等。摄影测量学包括航空摄影、航天摄影、航空航天摄影测量和地面摄影测量等。航空摄影是在飞机或其他航空飞行器上利用航摄机摄取地面景物影像的技术。航天摄影是在航天飞行器（卫星、航天飞机、宇宙飞船）中利用摄影机或其他遥感探测器（传感器）获取地球的图像资料和有关数据的技术，它是航空摄影的扩充和发展。航空航天摄影测量是根据在航空或航天飞行器上对地摄取的影像获取地面信息，测绘地形图。地面摄影测量是利用安置在地面上基线两端点处的专用摄影机拍摄的立体像对，对所摄目标物进行测绘的技术，又称为近景摄影测量。

3. 地图制图学（地图学）

地图制图学是研究地图（包括模拟地图和数字地图）及其编制和应用的学科。主要研究内容包括地图设计，即通过研究、实验，制定新编地图内容、表现形式及其生产工艺程序的工作；地图投影，它的研究依据是一定的数学原理将地球椭球面的经纬线网描绘在地图平面上相应的经纬线网的理论和方法，也就是研究把不可以展示曲面上的经纬线网描绘成平面上的图形所产生各种变形的特性和大小以及地图投影的方法等；地图编制，是研究制作地图的理论和技术，主要包括制图资料的分析和处理，地图原图的编绘以及图例、表示方法、色彩、图形和制印方案等编图过程的设计；地图制印，是研究复制和印刷地图过程中各种工艺的理论和技术方法；地图应用，是研究地图分析、地图评价、地图阅读、地图量算和图上作业等。

随着计算机技术的引入，出现了计算机地图制图技术。它根据地图制图原理和地图编辑过程的要求，利用计算机输入、输出等设备，通过数据库技术和图形数字处理方法，实现地图数据的获取、处理、显示、存储和输出。此时，地图是以数字形式存储在计算机中的，人们称之为数字地图。有了数字地图就能生成在屏幕上显示的电子地图。

计算机地图制图的实现，改变了地图的传统生产方式，节约了人力，缩短了成图周期，提高了生产效率和地图制作质量，使得地图手工生产方式逐渐被数字化地图生产所取代。

4. 工程测量学

工程测量学主要是研究在工程建设和自然资源开发各个阶段进行测量工作的理论和技术，包括地形图测绘及工程有关的信息的采集和处理、施工放样及设备安装、变形监测分析和预报等，以及研究对测量和工程有关的信息进行管理和使用。它是测绘学在国民经济建设和国防建设中的直接应用，包括规划设计阶段的测量、施工建设阶段的测量和运行管理阶段的测量。每个阶段测量工作的内容、重点和要求各不相同。

工程测量学的研究应用领域既有相对的稳定性，又是不断变化的。总的来说，它主要包括以工程建筑为对象的工程测量和以机器、设备为对象的工业测量两大部分。在技术方法上可划分为普通工程测量和精密工程测量。工程测量学的主要任务是为各种工程建设提供测绘保障，满足工程所提出的各种要求。精密工程测量代表着工程测量学的发展方向。

现代工程测量已经远远突破了为工程建设服务的狭窄概念，而向所谓的"广义工程测量学"发展，认为一切不属于地球测量，也不属于国家地图集范畴的地形测量和不属于官方的测量，都属于工程测量。

5. 海洋测绘学

海洋测绘学是研究以海洋及其邻近陆地和江河湖泊为对象所进行的测量和海图编制理论和方法的学科，主要包括海道测量、海洋大地测量、海底地形测量、海洋专题测量以及航海图、海底地形图、各种海洋专题图和海洋图集等图的编制。海道测量是以保证航行安全为目的，对地球表面水域及临近陆地所进行的水深和岸线测量以及底质、障碍物的探测等工作。海洋大地测量是为测定海面地形、海底地形以及海洋重力及其变化所进行的大地测量工作。海底地形测量是测定海底起伏、沉积物结构和地物的测量工作。海洋专题测量是以海洋区域的地理专题要素为对象的测量工作。海图制图是设计、编绘、整饰和印刷海图的工作，同陆地地图编制基本一致。

三、测量的基准线和基准面

1. 大地水准面

地球表面被陆地和海洋所覆盖，其中海洋面积约占71%，陆地面积约占29%，人们常把地球形状看作是被海水包围的球体。静止不流动水面称为水准面。水准面是物理面，水准面上的每一个分子各自均匀受相等的重力作用，处处与重力方向（铅垂线）

正交，同一水准面上的重力位相等，故此水准面也称重力等位面，水准面上任意一点的垂线方向均与水准面正交。地球表面十分复杂，难以用公式表达，设想海洋处于静止不动的状态，以平均海水面代替海水静止时的水面，并向全球大陆内部延伸，使它形成连续不断的、封闭的曲面，这个特定的重力位水准面被人们称为大地水准面。由大地水准面所包围的地球形体被人们称为大地体，在测量学中用大地体表示地球形体。

2. 参考椭球面

大地测量学的基本任务之一就是建立统一的大地测量坐标系，精确测定地面点的位置。但是，测量野外只能获得角度、长度和高低等观测元素，并不能直接得到点的坐标，为求解点的坐标成果，必须引入一个规则的数学曲面作为计算基准面，并通过该基准面建立起各观测元素之间以及观测元素与点的位置之间的数学关系。

地球自然表面十分复杂，不能作为计算基准面；大地水准面虽然比地球自然表面平滑许多，但由于地球引力大小与地球内部质量有关，而地球内部质量分布又不均匀，引起地面上各点垂线方向产生不规则的变化，大地水准面实际上是一个有着微小起伏的不规则曲面，形状不规则，无法用数学公式精确表达为数学曲面，也不能作为计算基准面。

长期研究表明，地球形状极近似于一个两极稍扁的旋转椭球，即一个椭圆绕其短轴旋转而成的形体。而其旋转椭球面可以用较简单的数学公式准确地表达出来，所以测绘工作便取大小和大地体很接近的旋转椭球作为地球的参考形状和大小，一般称其外表面为参考椭球面。若对参考椭球面的数学式加入地球重力异常变化参数改正，便可得到和大地水准面较为接近的数学式。因此，在测量工作中使用参考椭球面这样一个规则的曲面代替大地水准面作为测量计算的基准面。

世界各国通常均采用旋转椭球代表地球的形状，并称其为"地球椭球"。测量中，把与大地体最接近的地球椭球称为总地球椭球；把与某个区域，如一个国家大地水准面最为密合的椭球，称为参考椭球，其椭球面称为参考椭球面。由此可见，参考椭球有许多个，而总地球椭球只有一个。

参考椭球面在测绘工作中具有以下重要作用：

（1）它是一个代表地球的数学曲面。

（2）它是一个大地测量计算的基准面。

（3）它是研究大地水准面形状的参考面。我们知道，参考椭球面是规则的，大地水准面是不规则的，两者进行比较，即可将大地水准面的不规则部分（差距和垂线偏差）显示出来。将地球形状分离为规则和不规则两部分，分别进行研究，这是几何大地测量学的基本思想。

（4）在地图投影中，在讨论两个数学曲面的对应关系时，也是用参考椭球面来代替地球表面。因此，参考椭球面是地图投影的参考面。

将地球表面、水准面、大地水准面和参考椭球面进行比较，不难看出以下几点：

1）地球表面是测量的依托面。它的形状复杂，不是数学表面，也不是等位面。

2）水准面是液体的静止表面。它是重力等位面，不是数学表面，形状不规则。通过任一点都有一个水准面，因此水准面有无数个。水准面是野外测量的基准面。

3）大地水准面是平均海水面及其在大陆的延伸，它具有一般水准面的特性，全球只有一个大地水准面。它是客观存在的，具有长期的稳定性，在整体上接近地球。大地水准面可以代表地球，并可作为高程的起算面。

4）参考椭球面是具有一定参数、定位和定向的地球椭球面。它是数学曲面，没有物理意义。它的建立有一定的随意性，它可以在一定范围内与地球相当接近。参考椭球面是代表地球的数学曲面，是测量计算的基准面，同时又是研究地球形状和地图投影的参考面。

第二节 测绘基准、测绘系统和测量标志

一、测绘基准

1.测绘基准的概念

测绘基准是指一个国家的整个测绘的起算依据和各种测绘系统的基础，测绘基准包括所选用的各种大地测量参数、统一的起算面、起算基准点、起算方位以及有关的地点、设施和名称等。测绘基准主要包括大地基准、高程基准、深度基准和重力基准。

（1）大地基准。大地基准是建立大地坐标系统和测量空间点点位的大地坐标的基本依据。我国目前大多数地区采用的大地基准是1980年西安坐标系。其大地测量常数采用国际大地测量学与地球物理学联合会第十六届大会（1975）推荐值，大地原点设在陕西省泾阳县永乐镇。

（2）高程基准。高程基准是建立高程系统和测量空间点高程的基本依据。我国目前采用的高程基准为1985国家高程基准。

（3）深度基准。深度基准是海洋深度测量和海图上图载水深的基本依据。中国海区从1956年采用理论最低潮面（理论深度基准面）作为深度基准。内河、湖泊采用最低水位、平均的水位或设计水位作为深度基准。

（4）重力基准。重力基准是建立重力测量系统和测量空间点的重力值的基本依据。我国先后使用了五十七重力测量系统、八十五重力测量系统和两千重力测量系统。

2. 测绘基准的特征

（1）科学性。任何测绘基准都是依靠严密的科学理论、科学手段和方法经过严密的演算和施测建立起来的，其形成的数学基础和物理结构都必须符合科学理论和方法的要求，从而使测绘基准具有科学性的特点。

（2）统一性。为保证测绘成果的科学性、系统性和可靠性，满足科学研究、经济建设和国防建设的需要，一个国家和地区的测绘基准必须是严格统一的。测绘基准不统一，不仅使测绘成果不具有可比性和衔接性，也会对国家安全和城市建设以及社会管理带来不良的后果。

（3）法定性。测绘基准由国家最高行政机关国务院批准，测绘基准数据由国务院测绘行政主管部门负责审核，测绘基准的设立必须符合国家的有关规范和要求，使用测绘基准由国家法律规定，从而使测绘基准具有法定性特征。

（4）稳定性。测绘基准是一切测绘活动和测绘成果的基础和依据，测绘基准建立，便具有相对稳定性，在一定时期内不能轻易改变。

3. 测绘基准管理

每个国家对测绘基准管理都非常严格。以我国为例，《中华人民共和国测绘法》（以下简称《测绘法》）对测绘基准进行了规定，主要体现在以下几个方面：

（1）国家规定测绘基准。测绘基准是国家整个测绘工作的基础和起算依据，包括大地基准高程基准、深度基准和重力基准。测绘基准的作业保证国家测绘成果的整体性、系统性和科学性，实现测绘成果起算依据的统一，保障测绘事业为国家经济建设、国防建设和社会发展服务。《测绘法》明确规定从事测绘活动，应当使用国家规定的测绘基准和测绘系统，执行国家规定的测绘技术规范和标准。

国家对测绘基准的规定非常严格，主要体现在两个方面：一是测绘基准的数据由国务院测绘行政主管部门审核后，还必须和国务院其他有关部门、军队测绘主管部门进行会商，充分听取各相关部门的意见；二是测绘基准的数据经过相关部门审核后，必须经过国务院批准后才能实施，各项测绘基准数据经国务院批准后，便成为所有测绘活动的起算依据。

（2）国家要求使用统一的测绘基准。《测绘法》规定从事测绘活动应当使用国家规定的测绘基准和测绘系统。从事测绘活动使用国家规定的测绘基准是从事测绘活动的基本技术原则和前提，不使用国家规定的测绘基准，要依法承担相应的法律责任。

二、测绘系统

（一）测绘系统的概念

测绘系统是指由测绘基准延伸，在一定范围内布设的各种测量控制网，它们是各类测绘成果的依据，包括大地坐标系统、平面坐标系统、高程系统、地心坐标系统和重力测量系统。

1. 大地坐标系统

大地坐标系统是用来表述地球点的位置的一种地球坐标系统。它采用一个接近地球整体形状的椭球作为点的位置及其相互关系的数学基础。大地坐标系统的三个坐标是大地经度、大地纬度和大地高度。我国先后采用的 1954 年北京坐标系、1980 年西安坐标系和 2000 年国家大地坐标系，是我国在不同时期采用的大地坐标系统。

2. 平面坐标系统

平面坐标系统是指确定地面点的平面位置所采用的一种坐标系统。大地坐标系统是建立在椭球面上的，而地图绘制的坐标则是平面上的，因此，必须通过地图投影把椭球面上的点的大地坐标科学地转换成展绘在平面上的平面坐标。平面坐标用平面上两轴相交成直角的纵、横坐标表示。我国在陆地上的国家统一的平面坐标系统是采用"高斯－克吕格平面直角坐标系"。它是利用高斯－克吕格投影将不可平展的地球椭球面转换成平面而建立的一种平面直角坐标系。

3. 高程系统

高程系统是用以传算全国高程测量控制网中各点高程所采用的统一系统。我国规定采用的高程系统是正常高系统，我国在不同时期采用的法定高程系统主要包括 1956 年黄海高程系和 1988 年国家高程基准。

4. 地心坐标系统

地心坐标系统是以坐标原点与地球质心重合的大地坐标系统或空间直角坐标系统。我国目前采用的 2000 年国家大地坐标系是全球地心坐标系，其原点为包括海洋和大气的整个地球的质量中心。

5. 重力测量系统

重力测量系统是指重力测量施测与计算所依据的重力测量基准和计算重力异常所采用的正常重力公式的总称。

（二）测绘系统管理

我国《测绘法》对测绘系统管理进行了明确的规定，并设立了严格的测绘法律责任。

1. 测绘系统管理的基本法律规定

（1）从事测绘活动要使用国家规定的测绘系统。

（2）国家建立全国统一的大地坐标系统、平面坐标系统、高程系统、地心坐标系统和重力测量系统，确定国家大地测量等级和精度。《测绘法》第九条对国家建立统一的测绘系统进行了规定，并明确测绘系统的具体规范和要求由国务院测绘行政主管部门会同国务院其他有关部门、军队测绘主管部门制定。

（3）采用国际坐标系统和建立相对独立的平面坐标系统要依法经过批准。《测绘法》明确规定采用国际坐标系统，在不妨碍国家安全的前提下，必须经国务院测绘行政主管部门会同军队测绘主管部门批准。因建设、城市规划和科学研究的需要，大城市和国家重大工程项目确需建立相对独立的平面坐标系统的，由国务院测绘行政主管部门批准；其他确需建立相对独立的平面坐标系统的，由省、自治区、直辖市人民政府测绘行政主管部门批准。

（4）未经批准擅自采用国际坐标系统和建立相对独立的平面坐标系统的，应当承担相应的法律责任。

2.测绘系统管理的职责

（1）国务院测绘行政主管部门的职责。

1）负责建立全国统一的大地坐标系统、平面坐标系统、高程系统、地心坐标系统和重力测量系统。

2）会同国务院其他有关部门、军队测绘主管部门制定国家大地测量等级和精度以及国家基本比例尺地图的系列和基本精度的具体规范和要求。

3）会同军队测绘主管部门审批国际坐标系统。

4）负责因建设、城市规划和科学研究的需要，大城市和国家重大工程项目确需建立相对独立的平面坐标系统的审批。

5）负责全国测绘系统的维护和统一监督管理。

（2）省级测绘行政主管部门的职责。

1）建立本省行政区域内与国家测绘系统相统一的大地控制网和高程控制网。

2）负责因建设、城市规划和科学研究的需要，除大城市和国家重大工程项目以外确需建立相对独立的平面坐标系统的审批。

3）负责本省行政区域内全国统一的测绘系统的维护和统一监督管理。

（3）市、县级测绘行政主管部门的职责。

1）建立本行政区域内和国家测绘系统相统一的大地控制网和高程控制网的加密网。

2）负责测绘系统的维护和统一监督管理。

（三）国际坐标系统管理

1.国际坐标系统的概念

国际坐标系统是指全球性的坐标系统，或者国际区域性的坐标系统，或者其他国家建立的坐标系统。随着全球卫星定位技术的广泛应用，在中华人民共和国领域和管辖的其他海域采用国际坐标系统比较方便，便于交流，但和现行坐标系统不一致，考虑到维护国家安全等因素，《测绘法》规定在不妨碍国家安全的情况下，确定有必要采用国际坐标系统的，必须经国务院测绘行政主管部门会同军队测绘主管部门批准。

2. 采用国际坐标系统的条件

按照《测绘法》的规定，采用国际坐标系统，必须坚持三个原则：一是在我国采用国际坐标系统必须以不妨碍国家安全为原则，对于妨碍国家安全的，不允许其采用国际坐标系统；二是采用国际坐标系统必须以确有必要为原则；三是采用国际坐标系统，必须以经国务院测绘行政主管部门会同军队测绘主管部门审批为原则。按照上述原则，申请采用国际坐标系统，必须符合下列条件：

（1）国家现有坐标系统不能满足需要，而采用国际坐标系统的；

（2）采用国际坐标系统后的资料，将为社会公众提供的；

（3）在较大区域范围内采用国际坐标系统的；

（4）其他确有必要采用国际坐标系统的；

（5）独立的法人单位或者政府相关部门；

（6）有健全的测绘成果及资料档案管理制度。

3. 申请采用国际坐标系统需要提交的材料

（1）采用国家坐标系统申请书；

（2）采用国际坐标系统的理由；

（3）申请人企业法人营业执照或机关、事业单位法人证书；

（4）能够反映申请单位的测绘成果与资料档案管理制度的证明文件。

申请采用国际坐标系统的单位，应当按照《采用国际坐标系统审批程序规定》的要求，经国家测绘地理信息局许可后，方可以采用国际坐标系统。

（四）相对独立的平面坐标系统管理

1. 相对独立的平面坐标系统的概念

相对独立的平面坐标系统，是指为满足在局部地区进行比例尺测图和工程测量的需要，以任意点和方向起算建立的平面坐标系统或者在全国统一的坐标系统基础上，进行中央子午线投影变换以及平移、旋转等而建立的平面坐标系统。相对独立的平面坐标系统是一种非国家统一的，但和国家统一坐标系统相联系的平面坐标系统。这种独立的平面坐标系统通过和国家坐标系统之间的联测，确定两种坐标系统之间的数学转换关系，即称之为相对独立的平面坐标系统与国家坐标系统相联系。

2. 建立相对独立的平面坐标系统的原则

建立相对独立的平面坐标系统的，必须坚持以下原则：一是必须是因建设、城市规划和科学研究的需要，如果不是满足建设、城市规划和科学研究的需要，必须按照国家规定采用全国统一的测绘系统；二是确实需要建立，建立相对独立的平面坐标系统必须有明确的目的和理由，不建设就会对工程建设、城市规划等造成严重影响的；

三是必须经过批准，未按照规定程序经省级以上测绘行政主管部门批准，任何单位都不得建立相对独立的平面坐标系统；四是应当和国家坐标系统相联系，建立的相对独立的平面坐标系统必须与国家统一的测量控制网点进行联测，建立与国家坐标系统之间的联系。

3. 建立相对独立的平面坐标系统的审批

建立相对独立的平面坐标系统的审批是一项有数量限制的行政许可。为保障城市建设的顺利进行，保持测绘成果的连续性、稳定性和系统性，维护国家安全和地区稳定，一个城市只能建设一个相对独立的平面坐标系统。为加强对建立相对独立的平面坐标系统的管理，国家测绘地理信息局于 2007 年颁布了《建立相对独立的平面坐标系统管理办法》，对建立相对独立的平面坐标系统的审批权限进行了详细规定。

（1）国家测绘地理信息局的审批职责

1）五十万人口以上的城市；

2）列入国家计划的国家重大工程项目；

3）其他确需国家测绘地理信息局审批的。

（2）省级测绘行政主管部门的审批职责

1）五十万人口以下的城市；

2）列入省级计划的大型工程项目；

3）其他确需省级测绘行政主管部门审批的。

（3）申请建立相对独立的平面坐标系统应提交的材料

1）建立相对独立的平面坐标系统申请书；

2）属工程项目的申请人的有效身份证明；

3）立项批准文件；

4）能够反映建设单位测绘成果及资料档案管理设施和制度的证明文件；

5）建立城市相对独立的平面坐标系统的，应当提供该市人民政府同意建立的文件；

6）建立相对独立的平面坐标系统的城市市政府同意的文件，应当提交原件。

（4）不予以批准的情形。依据《建立相对独立的平面坐标系统管理办法》的规定，有以下情况之一的，对建立相对独立的平面坐标系统的申请不予以批准。

1）申请材料内容虚假的；

2）国家坐标系统能够满足需要的；

3）已依法建有相关的相对独立的平面坐标系统的；

4）测绘行政主管部门依法认定的应当不予批准的其他情形。

4. 建立相对独立的平面坐标系统的法律责任

测绘法对未经批准，擅自建立相对独立的平面坐标系统的，设定了严格的法律责任，主要包括给予警告，责令改正，可以并处十万元以下的罚款；构成犯罪的，依法追究刑事责任；尚不能够刑事处罚的，对附有直接责任的主管人员和其他直接责任人员，依法给予行政处分。

中华人民共和国成立以来，我国已经建立了全国统一的测绘基准和测绘系统，并不断得到完善和精化，其中包括天文大地网、平面控制网、高程控制网和重力控制网等，为不同时期国家的经济建设、国防建设、科学研究和社会发展提供了有力的基准保障。近年来，国家十分重视测绘基准和测绘系统建设，不断加大对测绘基准和测绘系统建设的投入力度，加强国家现代测绘基准体系基础设施建设，积极开展现代测绘基准体系建设关键技术研究，现代测绘基准体系建设取得了重要进展，逐步使我国的测绘基准和测绘系统建设处于世界领先行列。

三、测量标志

（一）测量标志的概念

测量标志是指在陆地和海洋标定测量控制点位置的标石、觇标以及其他标记的总称。标石一般是指埋设于地下一定深度，用于测量和标定不同类型控制点的地理坐标、高程、重力方位和长度等要素的固定标志；觇标是指建在地面上或者建筑物顶部的测量专用标架，作为观测照准目标和提升仪器高度的基础设施。根据使用用途和时间期限，测量标志可以分为永久性测量标志和临时性测量标志两种。

1. 永久性测量标志

永久性测量标志是指设有固定标志物以供测量标志使用单位长期使用的需要永久保存的测量标志，包括国家各等级的三角点、基线点、导线点、军用控制点、重力点、天文点、水准点和卫星定位点的木质觇标、钢质觇标和标石标志，以及用于地形测图、上程测量和形变测量等的固定标志和海底大地点设施等。

2. 临时性测量标志

临时性测量标志是指测绘单位在测量过程中临时设立和使用，不需要长期保存的标志和标记。测站点的木桩、活动观标、测旗、测杆、航空摄影的地面标志以及描绘在地面或者建筑物上的标记等，都属于临时性测量标志。

（二）测量标志建设

测量标志建设是指测绘单位或者工程项目建设单位为满足测绘工作的需要而建造、设立固定标志的活动。关于测量标志建设，《测绘法》和《中华人民共和国测量标志保护条例》(以下简称《测量标志保护条例》)都有明确的规定，主要体现在以下几个方面。

1. 使用国家规定的测绘基准和测绘标准。

2. 选择有利于测量标志长期保护和管理的点位。

3. 设置永久性测量标志的，应当对永久性测量标志设立明显标记；设置基础性测量标志的，还应当设立由国务院测绘行政主管部门统一监制的专门标牌。

4. 设置永久性测量标志，需要依法使用土地或者在建筑物上建设永久性测量标志的，有关单位和个人不得干扰和阻挠。建设永久性测量标志需要占用土地的，地面标志占用土地的范围为 36~100 平方米，地下标志占用土地的范围为 16~36 平方米。

5. 设置永久性测量标志的部门应当将永久性测量标志委托测量标志设置地的有关单位或者人员负责保管，签订测量标志委托保管书，明确委托方和被委托方的权利和义务，并由委托方将委托保管书抄送乡级人民政府和县级以上地方人民政府管理测绘工作的部门备案。

6. 符合法律、法规规定的其他要求。

（三）测量标志保管与维护

1. 测量标志保管

（1）设立明显标记。永久性测量标志是建立在地面或者地下的固定标志。为了防止永久性测量标志遭到破坏，必须设立明显的标记，使人们能够很方便地识别测量标志，并委托当地有关单位指派专人负责保管，进而达到保护的目的。

（2）实行委托保管制度。测量标志分布广、数量巨大，保护测量标志必须充分依靠当地的人民群众。《测量标志保护条例》规定，设置永久性测量标志的部门应当将永久性测量标志委托测量标志设置地的有关单位或者人员负责保管，签订测量标志委托保管书，明确委托方和被委托方的权利和义务，并由委托方将委托保管书抄送乡级人民政府和县级以上人民政府管理测绘工作的部门备案。

测量标志保管人员的职责，主要包括：经常检查测量标志的使用情况，查验永久性测量标志使用后的完好状况；发现永久性测量标志有移动或者损毁的情况，及时向当地乡级人民政府报告；制止检举和控告移动、损毁和盗窃永久性测量标志的行为；查询使用永久性测量标志的测绘人员的有关情况。

根据《测量标志保护条例》的规定，国务院其他有关部门按照国务院规定的职责分工，负责管理本部门专用的测量标志保护工作。军队测绘主管部门负责管理军事部门测量标志保护工作，并按照国务院、中央军事委员会规定的职责分工负责管理海洋基础测量标志保护工作。

（3）工程建设要避开永久性测量标志。工程建设避开永久性测量标志，是指在两个相邻测量标志之间建设建筑物不能影响相邻标志之间相互通视，在测量标志附近建设建筑物不能影响卫星定位设备接受卫星传送信号，工程建设不得造成测量标志沉降或者位移，在测量标志附近建设微波站、广播电视台站、雷达站和架设线路等，避免受到电磁干扰影响测量仪器正常使用等。为合理保护测量标志，避免工程建设损毁测量标志，《测绘法》明确规定进行工程建设，应当避开永久性测量标志。

（4）拆迁永久性测量标志要经过批准，并支付拆迁费用。工程建设要尽量避开永久性测量标志，但实际工作中无法避开永久性测量标志的工程项目又非常多，如涉及国家重大投资的工程项目、城市规划布局调整等，在大型工程项目实施过程中，造成测量标志损毁或者移动是不可避免的。《测绘法》规定，确实无法避开的，需要拆迁永久性测量标志或者使永久性测量标志失去效能的，应当经国务院测绘行政主管部门或者省、自治区、直辖市人民政府测绘行政主管部门批准，涉及军用控制点的，应当征得军队测绘主管部门的同意。所需要迁建费用由工程建设单位承担，以用于永久性测量标志的恢复重建。

（5）使用测量标志应当持有测绘作业证件，并保证测量标志的完好。永久性测量标志作为测绘基础设施，承载着十分精确的数据信息，是从事测绘活动的基础。非测绘人员随意使用永久性测量标志很容易造成测量标志损坏或者使测量标志失去使用效能。为此，《测绘法》规定测绘人员使用永久性测量标志，必须持有测绘作业证件，并保证测量标志的完整。《测量标志保护条例》规定，违反测绘操作规程进行测绘，使永久性测量标志受到损坏的，无证使用永久性测量标志并且拒绝县级以上人民政府管理测绘工作的部门监督和负责保管测量标志的单位和人员查询的，要依法承担相应的法律责任。

（6）定期组织开展测量标志普查和维护。定期开展测量标志普查和维护工作是保护测量标志的重要措施和手段。设置永久性测量标志的部门应当按照国家有关的测量标志维修规程，对永久性测量标志定期组织维修，保证测量标志正常使用。通过定期组织开展测量标志普查，发现测量标志损毁或者将失去使用效能的，应当及时进行维护，确保测量标志完整。

2. 测量标志拆迁审批职责

（1）国务院测绘行政主管部门审批职责

1）国家一、二等三角点（含同等级的大地点）、水准点（含同等级的水准点）；

2）国家天文点、重力点（包括地壳形变监测点等具有物理因素的点）、GPS 点（B级精度以上）；

3）国家明确规定需要重点保护的其他永久性测量标志等。

（2）省级测绘行政主管部门的审批职责

1）国家三、四等三角点（含同等级的大地点）、水准点（含同等级的水准点）；

2）省级测绘行政主管部门建立的不同等级的三角点、水准点、GPS 点等；

3）省级测绘行政主管部门明确需要重点保护其他永久性测量标志。

（3）市、县级测绘行政主管部门的审批职责

1）国家平面控制网、高程控制网和空间定位网的加密网点；

2）市、县测绘行政主管部门自行建造的其他不同等级的三角点、水准点和 GPS 点。

3.测量标志维护

测量标志维护是指测绘行政主管部门或者测量标志建设单位采用物理加固、设立警示牌等手段确保测量标志完整、能够正常使用的活动。测量标志维护是各级测绘行政主管部门的一项重要职责。

（1）开展测量标志普查。开展测量标志普查工作是做好测量标志维护的基础，测量标志维护要在准确掌握测量标志完好的前提下进行。各级测绘行政主管部门通过开展测量标志普查，及时了解测量标志损毁程度和分布区域及特点，做到心中有数，为科学编制测量标志维修规划和计划打下基础。

（2）制定测量标志维修规划和计划。《测量标志保护条例》第十七条规定，测量标志保护工作应当执行维修规划和计划。全国测量标志维修规划，由国务院测绘行政主管部门会同国务院其他有关部门制定。省、自治区、直辖市人民政府管理测绘工作的部门应当组织同级有关部门，根据全国测量标志维修规划，制定本行政区域内的测量标志维修计划，并组织协调有关部门和单位统一实施。制定测量标志维修规划和计划是保障测量标志有序维护的重要保障，对科学维护、分类管理和强化责任，具有十分重要的意义。

（3）按照测量标志维修规程进行维修。《测量标志保护条例》第十八条规定，设置永久性测量标志的部门应当按照国家有关的测量标志维修规程，对永久性测量标志定期组织维修，保证测量标志正常使用。按照测量标志维修规程，通过筑设加固井、设立防护墙、加设警示牌等方式，修复或者维护测量标志，从而保证测量标志能够正常使用。

（四）测量标志的使用

1.测量标志使用的基本规定

测量标志使用是指测绘单位在测绘活动中使用测量标志测定地面点空间地理位置的活动。我国现行《测绘法》《测量标志保护条例》对测绘人员使用永久性测量标志的法律规定，主要包括以下内容：

（1）测绘人员使用永久性测量标志，应当持有测绘作业证件，接受县级以上人民政府管理测绘工作的部门的监督和负责保管测量标志的单位和人员的查询，并按照操作规程进行测绘，保证测量标志的完整。

（2）国家对测量标志实行有偿使用，但是使用测量标志从事军事测绘任务的除外。测量标志有偿使用的收入应当用于测量标志的维护、维修，不得挪走。

2.测绘人员的义务

（1）测绘人员使用永久性测量标志，必须持有测绘作业证件，并保证测量标志的完整；

（2）测绘人员根据测绘项目开展的情况建立永久性测量标志，应当按照国家相关的技术规定执行，并设立明显的标记；

（3）接受县级以上测绘行政主管部门的监督和测量标志保管人员的查询；

（4）依法缴纳测绘基础设施使用费；

（5）积极宣传测量标志保护的法律、法规和相关政策。

第三节　测量误差基础

一、测量误差概述

在测量工作中，无论测量仪器多精密、观测多仔细，测量结果总是存在差异。例如，对某段距离进行多次丈量，或反复观测同一角度，我们会发现每次观测结果往往不一致。又如观测三角形的三个内角，其和并不等于理论值180°。这种观测值之间与理论值之间存在差异的现象，说明观测结果存在着各种测量误差。此外，在测量过程中，还可能出现错误，如读错、记错等。

1.测量误差产生的原因

导致测量误差产生的原因概括起来有下列几种。

（1）观测者。由于观测者的感觉器官的鉴别能力的局限性，在仪器安置、照准和读数等工作中都会产生误差。同时，观测者的技术水平及工作态度也会对观测结果产生影响。

（2）测量仪器。测量工作所使用的测量仪器都具有一定的精密度，从而使观测结果的精度受到限制。另外，仪器本身构造上的缺陷，也会使观测结果产生误差。

（3）外界观测条件。外界观测条件指的是，在野外观测过程中，外界条件的因素，如天气的变化、植被的不同、地面土质松紧的差异、地形的起伏、周围建筑物的状况，以及太阳光线的强弱、照射的角度大小等。

有风会使测量仪器不稳，地面松软可能使测量仪器下沉，强烈阳光照射会使水准管变形，太阳的高度角、地形和地面植被决定了地面大气温度梯度，观测视线穿过不同温度梯度的大气介质或靠近反光物体，都会使视线弯曲，产生折光现象。因此，外界观测条件是保证野外测量质量的一个重要因素。

观测者、测量仪器和观测时的外界条件是导致观测误差的主要因素，通常称为观测条件。观测条件相同的各次观测，称为等精度观测。观测条件不同的各次观测，称为非等精度观测。任何观测都不可避免地要产生误差。为了获得观测值的正确结果，就必须对误差结果进行分析研究，以便采取适当的措施来消除或削弱其影响。

2. 测量误差的分类

测量误差按其性质，可分为系统误差、偶然误差和粗差。

（1）系统误差。系统误差由仪器制造或校正不完善、观测员生理习性、测量时外界条件或仪器检定时不一致等原因造成。在同一条件下获得的观测列中，其数据、符号或保持不变，或按一定的规律变化。在观测结果中具有累计性，对成果质量影响显著，应在观测中采取相应措施予以消除。

（2）偶然误差。它的产生取决于观测进行中的一系列不可能严格控制的因素（如湿度、温度和空气振动等）的随机扰动。在同一条件下获得的观测列中，其数值、符号不定，表面看没有规律性，实际上是服从一定的统计规律的。随机误差又可分两种：一种是误差的数学期望不为零，称为"随机性系统误差"；另一种是误差的数学期望为零，称为"偶然误差"。这两种随机误差经常同时发生，须根据最小二乘法原理加以处理。

（3）粗差。粗差是一些不确定因素引起的误差，国内外学者在粗差的认识上还未有统一的看法，目前的观点主要有以下几类：第一类是将粗差看作与偶然误差具有相同的方差，但期望值不同；第二类是将粗差看作与偶然误差具有相同的期望值，但其方差十分巨大；第三类是认为偶然误差与粗差具有相同的统计性质，但有正态与病态的不同。以上理论均把偶然误差和粗差视为属于连续型随机变量的范畴。还有一些学者认为粗差属于离散型随机变量。

观测值中剔除了粗差，排除了系统误差的影响，或者与偶然误差相比系统误差处于次要地位后，占主导地位的偶然误差就成了我们研究的主要对象。从单个偶然误差来看，其出现的符号和大小没有一定的规律性，但对大量的偶然误差进行统计分析，就能发现其规律性，误差个数越多，规律性越明显。这样在观测结果中可以认为主要是存在偶然误差，研究偶然误差占主导地位的一系列观测值中求未知量的最或然值以及评定观测值的精度等是误差理论要解决的主要问题。

3. 偶然误差的统计特性

由于观测结果主要存在着偶然误差，因此，为了评定观测结果的质量，必须对偶然误差的性质做进一步分析。下面以一个测量实例来分析偶然误差的特性。例如，在相同的观测条件下，对358个三角形的内角进行了观测。由于观测值含有偶然误差，致使每个三角形的内角和不等于180°。设三角形内角和的真值为 X，观测值为 L，其观测值与真值之差为真误差 Δ，用下式表示为：

$$\Delta = L_i - X$$

式中，i 为 1，2，…，358。

二、衡量精度的指标

1.精度的含义

精度指的是在一定的观测条件下进行的一组观测。它对应着一定的误差分布。观测条件好，误差分布就密集，则表示观测结果的质量就高；反之观测条件差，误差分布就松散，观测成果的质量就低。因此，精度就是指一组误差分布的密集与离散的程度，即离散度的高低。显然，为了衡量观测值的精度高低，可以通过绘出误差频率直方图或画出误差分布曲线的方法进行比较。如图 1-1 所示为两组不同观测条件下的误差分布曲线Ⅰ、Ⅱ，观测条件好的一组其误差分布曲线Ⅰ较陡峭，说明该组误差更加密集在 Δ=0 附近，即绝对值小的误差出现较多，表示该组观测值的质量较高；另一组观测条件差，误差分布曲线较平缓，说明该组观测误差分布离散，表示该组观测值的质量较低。但在实际工作中，采用绘误差分布曲线的方法来比较观测结果的质量高低很不方便，而且缺乏一个简单的关于精度的数值概念。下面引入精度的数值概念，这种能反映误差分布密集或离散程度的数值称为精度指标。

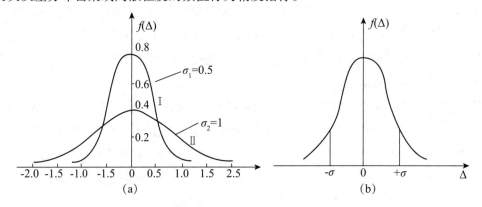

图 1-1　误差分布曲线

2.衡量精度的指标

衡量精度的指标有多种，这里介绍几种常用的精度指标。

（1）中误差。由误差分布的密度函数式可知，Δ 越小，$f(\Delta)$ 越大。当 Δ=0 时，函数 $f(\Delta)$ 达到最大值 $\dfrac{1}{\sigma\sqrt{2\pi}}$；反之，Δ 越大，$f(\Delta)$ 越小。当 Δ 趋近 ∞ 时，$f(\Delta)=0$。

一维分布密度函数有如下性质：

1）$f(\Delta)$ 为偶函数，曲线对称于纵轴；

2）$f(\Delta)$ 随着误差绝对值的增大而减小，当 Δ→∞，$f(\Delta)\to 0$；

3）当 Δ=0 时，$f(\Delta)$ 为函数最大值；

4）误差曲线拐点的横坐标为中误差，即 Δ=±0，这可由 $f(\Delta)$ 求二阶导数得出。

误差分布曲线在纵轴两边各一个转向点称为拐点。偶然误差的一维正态分布密度函数公式中的标准差 σ 决定了曲线的形状，σ 越小曲线越陡峭，即误差分布越密集；而 σ 越大时曲线越平缓，即误差分布越离散。由此可见，误差分布曲线形态充分反映了观测质量的好坏，而误差分布曲线又可以用具体的数值 σ 表达，因此衡量精度的主要指标为方差 σ 或标准差 σ。观测值的标准差定义式为：

$$\sigma = \sqrt{\lim_{n \to \infty} \frac{[\Delta^2]}{n}}$$

由定义式可知，标准差是在 $n \to \infty$ 时的理论精度指标。在测量工作中，观测次数 n 总是有限的，为了评定精度，只能用有限个真误差求取标准差的估值。测量中通常称标准差的估值为中误差，用 m 表示，即：

$$m = \pm\sqrt{\frac{[\Delta^2]}{n}}$$

上式可以是同一个量观测值的真误差，也可以是不同量观测值的真误差，但必须都是等精度的同类观测值的真误差。由中误差公式可知，中误差是代表一组等精度真误差的某种平均值，其值越小，即表示该组观测中绝对值较小的误差越多，则该组观测值的精度越高。

（2）极限误差。偶然误差的第一特性表明，在一定的观测条件下偶然误差的绝对值不会超过一定的限值，这个限值就是极限误差。由概率论可知，在等精度观测的一组偶然误差中，误差出现在 $[-\sigma, +\sigma][-2\sigma, +2\sigma][-3\sigma, +3\sigma]$ 区间内的概率分别为：

$$P（-\sigma < \Delta \leqslant +\sigma）\approx 68.3\%$$

$$P（-2\sigma < \Delta \leqslant +2\sigma）\approx 95.5\%$$

$$P（-3\sigma < \Delta \leqslant +3\sigma）\approx 99.7\%$$

所以说，绝对值大于两倍标准差的偶然误差出现的概率为 4.5%；而绝对值大于 3 倍标准差的偶然误差出现的概率仅为 0.3%，这实际上是接近于零的小概率事件，在有限次观测中不太可能发生。因此，在测量工作中通常规定 2 倍或 3 倍中误差作为偶然误差的限值，称为极限误差或容许误差：Δ 容 $=2\sigma \approx 2m$ 或 Δ 容 $=3\sigma \approx 3m$，前者要求较严，后者要求较宽，如果观测值中出现大于容许误差的偶然误差，则认为该观测值不可靠，相应的观测值应进行重测、补测或舍去不用。

（3）相对误差。对评定精度来说，有时只用中误差还不能完全表达测量结果精度的高低。例如，分别丈量了 100m 和 200m 两段距离，中误差均为 ±0.02m。虽然两者的中误差相同，但就单位长度而言，两者精度并不相同，后者显然优于前者。为了客观反映实际精度，常采用相对误差。

观测值中误差 m 的绝对值与相应观测值 S 的比值称为相对中误差。它是一个无名数，常用分子为 1 的分数表示，即：

$$K = \frac{|m|}{S} = \frac{1}{\dfrac{S}{|m|}}$$

上例中，前者的相对中误差为 1/5 000，后者为 1/10 000，表明后者精度高于前者。

对真误差或容许误差，有时也用相对误差来表示。例如，距离测量中的往返测较差与距离值之比就是所谓的相对真误差，即：

$$\frac{\left|D_{往} - D_{近}\right|}{D_{平均}} = \frac{1}{\dfrac{D_{平均}}{\Delta D}}$$

与相对误差对应，真误差、中误差和容许误差都是绝对误差。

第二章 建筑场地的工程地质勘察

第一节 工程地质勘察概述

一、工程地质条件

工程地质条件即工程活动的地质环境，可理解为工程建筑物所在地区地质环境各项因素的总和。一般认为，它包括地质构造、地形地貌、水文地质条件、不良地质作用、天然建筑材料、岩土类型及其工程性质（地层岩性）等。

1. 地质构造

地质构造是工程地质工作研究的基本对象，包括褶皱、断层、节理构造的分布和特征。地质构造，特别是形成时代新、规模大的优势断裂，对地震等灾害具有重要作用，因而对建筑物的安全稳定具有重要意义。

2. 地形地貌

地形是指地表高低起伏状况、山坡陡缓程度、沟谷宽窄及形态特征等。地貌则说明地形形成的原因、过程和时代。平原区、丘陵区和山岳地区的地形起伏、土层厚度和基岩出露情况、地下水埋藏特征和地表地质作用现象都具有不同的特征，这些因素都直接影响着建筑场地和线路的选择。

3. 水文地质条件

这是重要的工程地质因素，包括地下水的成因、分布和动态等。地下水是影响岩土体稳定性的重要因素，浅埋的地下水直接影响着基础设施的建设，影响着建筑物的安全。

4. 不良地质作用

这是指对工程建设有影响的自然地质作用，其形成与建设区地形、气候、岩性、构造、地下水和地表水作用密切相关，主要包括地震、滑坡、崩塌、岩溶、泥石流和地面沉降等，对评价建筑物的稳定性和预测工程地质条件的变化意义重大。

5. 天然建筑材料

天然建筑材料是指供建筑用的土料和石料。在大型土木及水利工程中，天然建筑材料的质量及开采运输条件，直接关系着场址选择、工程造价、工期长短等，因此，它也是工程地质条件评价的重要内容，有时甚至可以成为选择工程建筑物类型的决定性因素。

6. 岩土类型及其工程性质（地层岩性）

这是最基本的工程地质因素，包括岩土的成因、时代、岩性、产状、成岩作用特点、变质程度、风化特征、软弱夹层和接触带以及物理力学性质等。

二、工程地质问题

已有的工程地质条件在工程建设和运行期间会产生一些新的变化和发展，构成影响工程建筑安全的地质问题，称为工程地质问题。

由于工程地质条件复杂多变，不同类型的工程对工程地质条件的要求又不尽相同，因此工程地质问题是多种多样的。就土木工程而言，主要的工程地质问题包括以下四类：

1. 地基稳定性问题

这是工业与民用工程建筑经常遇到的工程地质问题，它包括强度和变形两个方面。铁路、公路等工程建筑会遇到路基稳定性问题，水利工程中则存在堤坝稳定性问题。

2. 斜坡稳定性问题

自然界的天然斜坡是经过长期地表地质作用达到相对协调平衡的产物，人类工程活动尤其是道路工程在开挖和填筑人工边坡（路堑、路堤、堤坝、基坑等）时，斜坡稳定性对防止地质灾害发生及保证地基稳定性十分重要。

3. 洞室围岩稳定性问题

地下洞室一般嵌固在岩体介质（围岩）中，在洞室开挖和建设过程中破坏了地下岩体原始平衡条件，便会出现一系列不稳定现象，常遇到围岩塌方、地下水管破裂等问题。

4. 区域稳定性问题

在特定的地质条件中产生的并影响到广大区域的工程地质问题，包括活动断层、活跃性地震、水库诱发地震、地震砂土液化和地面沉陷等。掌握这些问题的规律性，对规划选址或者对地质环境的合理开发与妥善保护具有重要意义。

三、工程勘察分级

1. 工程重要性等级

《建筑结构可靠度设计统一标准》将建筑结构分为三个安全等级（表 2-1），《建筑地基基础设计规范》将地基基础设计分为三个等级（表 2-2）。两者都是从设计角度考虑的。对于勘察，《岩土工程勘察规范》主要考虑工程规模大小和特征，以及由于岩土工程问题造成破坏或影响正常使用的后果，分为三个工程重要性等级（表 2-3）。

表 2-1 工程安全等级

安全等级	破坏后果	工程类型
一级	很严重	重要工程
二级	严重	一般工程
三级	不严重	次要工程

表 2-2 地基基础设计等级

设计等级	建筑和地基类型
甲级	重要的工业与民用建筑； 30 层以上的高层建筑； 体形复杂，层数相差超过 10 层的高低层连成一体的建筑物； 大面积的多层地下建筑物（如地下车库、商场、运动场等）； 对地基变形有特殊要求的建筑物； 复杂地质条件下的坡上建筑物（包括高边坡）； 对原有工程影响较大的新建建筑物； 场地和地基条件复杂的一般建筑物； 位于复杂地质条件及软土地区的二层及二层以上地下室的基坑工程； 开挖深度大于 15m 的基坑工程； 周边环境条件复杂、环境保护要求高的基坑工程
乙级	除甲级、丙级以外的工业与民用建筑； 除甲级、丙级以外的基坑工程
丙级	场地和地基条件简单、荷载分布均匀的七层及七层以下民用建筑及一般工业建筑；次要的轻型建筑；非软土地区且场地地质条件简单、基坑周边环境条件简单、环境保护要求不高且开挖深度小于 5m 的基坑工程

表 2-3 工程重要性等级

重要性等级	工程规模和特征	破坏后果
一级工程	重要工程	很严重
二级工程	一般工程	严重
三级工程	次要工程	不严重

由于涉及各行各业，涉及房屋建筑、地下洞室、线路、电厂及其他工业建筑、废弃物处理工程等，对工程的重要性等级很难做出具体的划分标准，只能做一些原则性的规定。以住宅和一般公用建筑为例，30 层以上的可定为一级，7~30 层的可定为二级，6 层及 6 层以下的可定为三级。

2. 场地等级

根据场地对建筑抗震的有利程度、不良地质现象、地质环境、地形地貌、地下水影响等条件将场地划分为三个复杂程度等级（表 2-4）。

表 2-4　场地复杂程度等级

等级 划分条件	场地对建筑 抗震有利程度	不良地质 作用	地质环境破坏 程度	地形地貌	地下水影响
一级	危险	强烈发育	已经或可能受到 强烈破坏	复杂	有影响工程的多层地下水、岩溶裂隙水或其他水文地质条件复杂，需专门研究
二级	不利	一般发育	已经或可能受到 一般破坏	较复杂	基础位于地下水位以下的场地
三级	地震设防烈度 ≤ 6 度或有利	不发育	基本未受破坏	简单	地下水对工程无影响

3. 地基等级

根据地基的岩土种类和有无特殊性岩土等条件将地基分为三个等级（表 2-5）。

表 2-5　地基复杂程度等级

等级 划分条件	一般岩土				特殊性岩土及处理要求
	岩土种类	均匀性	性质变化	处理要求	
一级（复杂地基）	种类多	很不均匀	变化大	需特殊处理	多年冻土、严重湿陷、膨胀、盐渍、污染的特殊性岩土，以及其他情况复杂、需做专门处理的岩土
二级 （中等复杂地基）	种类较多	不均匀	变化较大	根据需要确定	除一级地基规定以外的特殊性岩土
三级（简单地基）	种类单一	均匀	变化不大	不处理	无特殊性岩土

4. 岩土工程勘察等级

根据工程重要性等级、场地复杂程度等级和地基复杂程度等级，可按下列条件划分岩土工程勘察等级：

甲级——在工程重要性、场地复杂程度和地基复杂程度等级中，有一项或多项为一级。

乙级——除勘察等级为甲级和丙级以外的勘察项目。

丙级——工程重要性、场地复杂程度和地基复杂程度等级均为三级。

一般情况下，勘察等级可在勘察工作开始前通过收集资料确定。但随着勘察工作的开展，对自然认识的深入，勘察等级也可能随时发生改变。

对岩质地基，场地地质条件的复杂程度是决定因素。建造在岩质地基上的工程，如果场地和地基条件比较简单，勘察工作的难度是不大的。故即使是一级工程，场地和地基为三级时，岩土工程勘察等级也可定为乙级。

四、勘察阶段的划分

我国的勘察规则明确规定勘察工作一般要分阶段进行，勘察阶段的划分与设计阶段相适应，一般可划分为可行性研究勘察（选址勘察）、初步勘察和详细勘察三个阶段，施工勘察不作为一个固定阶段。

当场地条件简单或已有充分的地质资料时，可以简化勘察阶段，跳过选址勘察，有时甚至将初勘和详勘合并为一次性勘察，但勘察工作量的布置应满足详细勘察工作的要求。对场地稳定性和特殊性岩土的岩土工程问题，应根据岩土工程的特点和工程性质，布置相应的勘探与测试或进行专门研究论证评价。对专门性工程和水坝、核电等工程，应按工程性质要求，进行专门的勘察研究。

1. 可行性现象勘察（选址勘察）

可行性现象勘察（选址勘察）的目的是得到若干个可选场址方案的勘察资料。其主要任务是对拟选场址的稳定性和建筑适宜性做出评价，以便方案设计阶段选出最佳的场址方案。所用的手段主要侧重于收集和分析已有资料，并在此基础上对重点工程或关键部位进行现场踏勘，了解场地的地层、岩性、地质结构、地下水及不良地质现象等工程地质条件，对倾向于选取的场地，如果工程地质资料不能满足要求时，可进行工程地质测绘及少量的勘探工作。

2. 初步勘察

初步勘察是在可行性现象勘察（选址勘察）的基础上，在初步选定的场地上进行勘察，其任务是满足初步设计的要求。初步设计内容一般包括：指导思想、建设规模、产品方案、总平面布置、主要建筑物的地基基础方案、对不良地质条件的防治工作方案。初步勘察阶段也应收集已有资料，在工程地质测绘与调查的基础上，根据需要和场地条件，进行相关勘探和测量工作，带地形的初步总布置图是开展勘察工作的基本条件。

初步勘察应初步查明：建筑地段的主要地层分布、年代、成因类型、岩性、岩土的物理力学性质，对复杂场地，因成因类型较多，必要时应做工程地质分区和分带（或分段），以利于设计确定总平面布置；对场地不良地质现象的成因、分布范围、性质、发生发展的规律及对工程的危害程度，提出整治措施的建议；地下水类型、埋藏条件、补给径流排泄条件，可能的变化及侵蚀性；场地地震效应及构造断裂对场地稳定性的影响。

3. 详细勘察

经过选址和初勘后，场地稳定性问题已解决，为满足初步设计所需的工程地质资料亦已基本查明。详勘的任务是针对具体建筑地段的地质地基问题进行勘察，以便为施工图设计阶段和合理地选择施工方法提供依据，为不良地质现象的整治设计提供依据。对工业与民用建筑而言，在本勘察阶段工作进行之前，应有附有坐标及地形等高线的建筑总布置图，并标明各建筑物的室内外地坪高程、上部结构特点、基础类型、所拟尺寸、埋置深度、基底荷载、荷载分布、地下设施等。详勘主要以勘探、室内试验和原位测试为主。

4. 施工勘察

施工勘察指的是直接为施工服务的各项勘察工作。它不仅包括施工阶段所进行的勘察工作，还包括在施工完成后可能要进行的勘察工作（如检验地基加固的效果）。但并非所有的工程都要进行施工勘察，仅在下面几种情况下才需进行：对重要建筑的复杂地基，需在开挖基槽后进行验槽；开挖基槽后，地质条件与原勘察报告不符；深基坑施工需进行测试工作；研究地基加固处理方案；地基中溶洞或土洞较发育；施工中出现斜坡失稳，需进行观测及处理。

第二节　工程地质勘察方法

工程地质测绘与调查是勘测工作的手段之一，是最基本的勘察方法和基础性工作。通过测绘和调查，将查明的工程地质条件及其他有关内容如实地反映在一定比例尺的地形底图上，对进一步的勘测工作有一定的指导意义。

"测绘"是指按有关规范规程的规定要求所进行的地质填图工作。"调查"是指达不到有关规范规程规定的要求时所进行的地质填图工作，如降低比例尺精度、适当减少测绘程序、缩小测绘面积或针对某一特殊工程地质问题等。对复杂的建筑场地应进行工程地质测绘，对中等复杂的建筑场地可进行工程地质测绘或调查，对简单或已有地质资料的建筑场地可进行工程地质调查。

工程地质测绘与调查宜在可行性研究或初步设计勘测阶段进行；在施工图设计勘测阶段，视需要在初步设计勘测阶段测绘与调查的基础上，对某些专门地质问题（如滑坡、断裂带的分布位置及影响等）进行必要的补充测绘。但是，并不是指每项工程的可行性研究或初步设计勘测阶段都要进行工程地质测绘与调查，而是视工程需要而定。

工程地质测绘与调查的基本任务是：查明与研究建筑场地及其相邻有关地段的地形、地貌、地层岩性、地质构造、不良地质现象、地表水与地下水情况、当地的建筑经验及人类活动对地质环境造成的影响，结合区域地质资料，分析场地的工程地质条件和存在的主要地质问题，为合理确定与布置勘探和测试工作提供依据。高精度的工程地质测绘，不但可以直接用于工程设计，而且为其他类型的勘察工作奠定了基础。

它可有效地查明建筑区或场地的工程地质条件，并且大大缩短勘察工期，节约投资，提高勘察工作的效率。

工程地质测绘可分为两种：一种是以全面查明工程地质条件为主要目的的综合性测绘；另一种是对某一工程地质要素进行调查的专门性测绘。无论何者，都服务于建筑物的规划、设计和施工，使用时都有特定的目的。

工程地质测绘的研究内容和深度应根据场地的工程地质条件确定，必须目的明确、重点突出、准确可靠。

工程地质测绘的研究内容主要是工程地质条件，其次是对已有建筑区和采掘区的调查。某一地质环境内建筑经验和建筑兴建后出现的所有工程地质现象，都是极其宝贵的资料，应予以收集和调查。工程地质测绘是在测区实地进行的地面地质调查工作，工程地质条件中有关研究内容，凡是通过野外地质调查解决的，都属于工程地质测绘的研究范围。被掩埋于地下的某些地质现象也可通过测绘或配合适当勘察工作加以了解。

工程地质测绘的方法和研究内容与一般地质测绘方法相类似，但并不等同于它们，主要因为工程地质测绘是为工程建筑服务的。不同勘察阶段、不同建筑对象，其研究内容的侧重点、详细程度和定量化程度等是不同的。实际工作中，应根据勘察阶段的要求和测绘比例尺大小，分别对工程地质条件的各个要素进行调查研究。

在岩土工程勘察中，原位测试是十分重要的手段，在探测地层分布、测定岩土特性、确定地基承载力等方面有突出的优点，应与钻探取样和室内试验配合使用。在有经验的地区，可以原位测试为主。在选择原位测试方法时，应根据岩土条件、设计对参数的要求、设备要求、勘察阶段、地区经验和测试方法的适用性等因素选用，而地区经验的成熟程度最为重要。

布置原位测试，应注意配合钻探取样进行室内试验。一般应以原位测试为基础，在选定的代表性地点或有重要意义的地点采取少量试样，进行室内试验。这样的安排，有助于缩短勘察周期，提高勘察质量。

根据原位测试成果，利用地区性经验估算岩土工程特性参数和对岩土工程问题做出评价时，应与室内试验和工程反算参数做比较，检验其可靠性。原位测试成果的应用，应以地区经验的积累为依据。由于我国各地的土层条件、岩土特性有很大差别，建立全国统一的经验关系是不可取的，应建立地区性的经验关系，这种经验关系必须经过工程实践的验证。

原位测试的仪器设备应定期检验和标定。各种原位测试所得的试验数据，造成误差的因素是较为复杂的，在分析原位测试成果资料时，应注意仪器设备、试验条件、试验方法、操作技能、土层的不均匀性等对试验的影响，对此应有基本的估计，结合地层条件，剔除异常数据，提高测试数据的精度。静力触探和圆锥动力触探，在软硬地层的界面上，有超前和滞后效应，应予以注意。

第三节　工程地质勘察报告

一、工程分析评价的一般规定

岩土工程分析评价应在工程地质测绘、勘探、测试和收集已有资料的基础上，结合工程特点和要求进行。对各类工程，不良地质作用和地质灾害以及各种特殊性岩土的分析评价，应包括下列内容：

1. 场地的稳定性与适宜性。

2. 为岩土工程设计提供场地地层结构和地下水空间分布的几何参数，岩土体工程性状的设计参数。

3. 预测拟建工程对现有工程的影响、工程建设产生的环境变化以及环境变化对工程的影响。

4. 提出地基与基础方案设计的建议。

5. 预测施工过程中可能出现的岩土工程问题，并提出相应的防治措施和合理的施工方法。

岩土工程分析评价应符合下列要求：

（1）充分了解工程结构的类型、特点、荷载情况和变形控制要求。

（2）掌握场地的地质背景，考虑岩土材料的非均质性、各向异性和随时间变化的不同。评估岩土参数的不确定性，确定其最佳估值。

（3）充分考虑当地经验和类似工程的经验。

（4）对理论依据不足、实践经验不多的岩土工程问题，可通过现场模型试验或足尺试验取得实测数据进行分析评价。

（5）必要时可建议通过施工监测，调整设计和施工方案。

岩土工程分析评价应在定性分析的基础上进行定量分析。定性分析是评价的首要步骤，不经定性分析不能直接进行定量分析。工程选址及场地对拟建工程的适宜性、场地地质条件的稳定性等问题可仅做定性分析。岩土工程的定量分析可采用定值法，对特殊工程需要时可辅以概率法进行综合评价。对岩土体的变形性状及其极限值，岩土体的强度、稳定性及其极限值，包括斜坡及地基的稳定性，岩土压力及岩土体中应力的分布与传递，其他各种临界状态的判定问题等应做定量分析。

岩土工程计算应符合下列要求：

按承载能力极限状态计算，可用于评价岩土地基承载力、边坡、挡墙、地基稳定性等问题，可根据有关设计规范规定，用分项系数或总安全系数方法计算，有经验时也可用隐含安全系数的抗力允许值进行计算。

按正常使用极限状态要求进行验算控制，可用于评价岩土体的变形、动力反应、透水性和涌水量等。

岩土工程的分析评价，应根据岩土工程勘察等级区别进行。对丙级岩土工程勘察，可根据邻近工程经验，结合触探和钻探取样试验资料进行；对乙级岩土工程勘察，应在详细勘探、测试的基础上，结合邻近工程经验进行，并提供岩土的强度和变形指标；对甲级岩土工程勘察，除按乙级要求进行外，宜提供载荷试验资料，必要时应对其中的复杂问题进行专门研究，并结合监测结果对评价结论进行检验。

任务需要时，可根据工程原型或足尺试验岩土体性状的量测结果，用反分析的方法反求岩土参数，验证设计计算，检查工程效果或事故原因。

二、成果报告的基本要求

原始资料是岩土工程分析评价和编写成果报告的基础，加强原始资料的编录工作是保证成果报告质量的基本条件。近年来，有些单位勘探测试工作做得不少，但由于对原始资料的检查、整理分析、鉴定不够重视，因而不能如实反映实际情况，甚至造成假象，导致分析评价的失误。因此，对岩土工程分析所依据的一切原始资料，均应进行整理、检查、分析、鉴定，认定无误后方可利用。

岩土工程勘察报告应资料完整、真实准确、数据无误、图表清晰、结论有据、建议合理，便于使用和适宜长期保存，并应因地制宜、重点突出、有明确的工程针对性。

岩土工程勘察成果报告应根据任务要求、勘察阶段、工程特点和地质条件等具体情况编写，并应包括下列内容：

1. 勘察目的、任务要求和依据的技术标准。

2. 拟建工程概况。

3. 勘察方法选择和勘察工作布置。

4. 场地地形、地貌、地层、地质构造、岩土性质及其均匀性。

5. 各项岩土性质指标，岩土的强度参数、变形参数、地基承载力的建议值。

6. 地下水埋藏情况、类型、水位及其变化。

7. 土和水对建筑材料的腐蚀性。

8. 可能影响工程稳定性的不良地质作用的描述和对工程危害程度的评价。

9. 场地稳定性与适宜性的评价。

与传统的工程地质勘察报告比较，岩土工程勘察报告应对岩土利用、整治和改造的方案进行分析论证，提出建议；对工程施工和使用期间可能发生的岩土工程问题进行预测，提出监控和预防措施的建议。

成果报告应附下列图件：

（1）勘探点布置图。

（2）工程地质柱状图。

（3）工程地质剖面图。

（4）原位测试成果图表。

（5）室内试验成果图表。

注意：需要时，尚可附综合工程地质图、综合地质柱状图、地下水等水位线图、素描、照片、综合分析图表以及岩土利用、整治和改造方案的有关图表、岩土工程计算简图及计算成果图表等。

对岩土的利用、整治和改造的建议应进行不同方案的技术经济指导，并提出对设计、施工和现场监测要求的建议。

除综合性的岩土工程勘察报告外，尚可根据任务需要，提交下列专题报告：

（1）岩土工程测试报告，如某工程旁压试验报告（单项测试报告）。

（2）岩土工程检验或监测报告，如某工程验槽报告（单项检验报告）、某工程沉降观测报告（单项监测报告）。

（3）岩土工程事故调查与分析报告，如某工程倾斜原因及措施报告（单项事故调查分析报告）。

（4）岩土利用、整治或改造方案报告，如某工程深基开挖的降水与支挡设计（单项岩土工程设计）。

（5）专门岩土工程问题的技术咨询报告，如某工程场地地震反应分析、某工程场地土液化势分析评价（单项岩土工程问题咨询）。

勘察报告的文字、术语、代号、符号、数字、计量单位、标点均应符合国家有关最新标准的规定。

对丙级岩土工程勘察的报告成果内容可适当简化，采用以图表为主，辅以必要的文字说明；对甲级岩土工程勘察的成果报告除应符合本节规定外，尚可对专门性的岩土工程问题提交专门的试验报告、研究报告或监测报告。

三、高层建筑岩土工程勘察报告的主要内容和要求

初步勘察报告应满足高层建筑初步设计的要求，对拟建场地的稳定性和建筑适宜性做出明确结论，为合理确定高层建筑总平面布置、选择地基基础结构类型、防治不良地质作用提供依据。

勘察报告应满足施工图设计要求，为高层建筑地基基础设计、地基处理、基坑工程、基础施工方案及降水截水方案的确定等提供岩土工程资料，并应做出相应的分析和评价。

高层建筑岩土工程勘察详细勘察阶段报告，除应满足一般建筑详细勘察报告的基本要求外，尚应突出拟建高层建筑的基本情况、场地及地基的稳定性与地震效应、天然地基、桩基、复合地基、地下水、基坑工程等七方面的主要内容：

1. 高层建筑的建筑结构及荷载特点、地下室层数、基础埋深及形式等情况。

2. 场地和地基的稳定性，不良地质作用，特殊性岩土和地震效应评价。

3. 采用天然地基的可能性、地基均匀性评价。

4. 复合地基和桩基的桩型和桩端持力层选择的建议。

5. 地基变形特征预测。

6. 地下水和地下室抗浮评价。

7. 基坑开挖和支护的评价。

详勘报告应阐明影响高层建筑的各种稳定性及不良地质作用的分布及发育情况，评价其对工程的影响。高层建筑场地稳定性及不良地质作用的发育情况，如果已做过初勘并有结论，则在详勘中应结合工程的平面布置，评价其对工程的影响；如果没有进行初勘，则应在分析场地地形、地貌与环境地质条件的基础上进行具体评价，并做出结论。场地地震效应的分析与评价应符合现行国家标准《建筑抗震设计规范》的有关规定，建筑边坡稳定性的分析与评价应符合现行国家标准《建筑边坡工程技术规范》的有关规定。

详勘报告应对地基岩土层的空间分布规律、均匀性、强度和变形状态及与工程有关的主要地层特性进行定性和定量评价。岩土参数的分析和选用应符合现行国家标准《建筑地基基础设计规范》和《岩土工程勘察规范》的有关规定。

详勘报告应阐明场地地下水的类型、埋藏条件、水位、渗流状态及有关水文地质参数，应评价地下水抗浮设防水位、地下水的腐蚀性及对深基坑、边坡等的不良影响，必要时应分析地下水对成桩工艺及复合地基施工的影响。

天然地基方案应对地基持力层及下卧层进行分析，提出地基承载力和沉降计算的参数，必要时应结合工程条件对地基变形进行分析评价。当采用岩石地基做地基持力层时，应根据地层、岩性及风化破碎程度划分不同的岩体质量单元，并提出各单元的地基承载力。

桩基方案应分析提出桩型、桩端持力层的建议，提供桩基承载力和桩基沉降计算的参数，必要时应进行不同情况下桩基承载力和桩基沉降量的分析与评价，对各种可能选用的桩基方案宜进行必要的分析比较，提出建议。

复合地基方案应根据高层建筑特征及场地条件建议一种或几种复合地基加固方案，

并分析确定加固深度或桩端持力层，应提供复合地基承载力及变形分析计算所需的岩土参数；条件具备时，应分析评价复合地基承载力及复合地基的变形特征。

高层建筑基坑工程应根据基坑的规模及场地条件，提出基坑工程安全等级和支护方案的建议，宜对基坑各侧壁的地质模型提出建议；应根据场地水文地质条件，对地下水控制方案提出建议。

应根据可能采用的地基基础方案、基坑支护方案及场地的工程地质、水文地质环境条件，对地基基础及基坑支护等施工中应注意的岩土工程问题及设计参数检测、现场检验、监测工作提出建议。

对高层建筑建设中遇到的下列特殊岩土工程问题，高层建筑勘察期间有时难以解决，要单独进行专门的勘察测试或技术咨询，并应根据专门岩土工程工作分析研究，单独提出专门的勘察测试或咨询报告：

1. 场地范围内或附近存在性质或规模尚不明的活动断裂及地裂缝、滑坡、高边坡、地下采空区等不良地质作用的工程。

2. 水文地质条件复杂或环境特殊，需现场进行专门水文地质试验，以确定水文地质参数的工程，或需进行专门的施工降水、截水设计，并需分析研究降水、截水对建筑本身及邻近建筑和设施影响的工程。

3. 对地下水防护有特殊要求，需进行专门的地下水动态分析研究，并需进行地下室抗浮设计的工程。

4. 建筑结构特殊或对差异沉降有特殊要求，需进行专门的上部结构、地基与基础共同作用分析计算与评价的工程。

5. 根据工程要求，需对地基基础方案进行优化、对比分析论证的工程。

6. 抗震设计所需的时程分析评价。

7. 有关工程设计重要参数的最终检测、核定等。

高层建筑岩土工程勘察报告所附图件应体现勘察工作的主要内容，并且全面反映地层结构与性质的变化，紧密结合工程特点及岩土工程性质，并应与报告书文字相互呼应。每份勘察报告书都应附的主要图件及附件包括下列几种：

1. 岩土工程勘察任务书（含建筑物基本情况及勘察技术要求）。

2. 拟建建筑平面位置及勘探点布置图。

3. 工程地质钻孔柱状图或综合工程地质柱状图。

4. 工程地质剖面图。

当工程地质条件复杂或地基基础分析评价需要时，宜绘制下列图件。

1. 关键地层层面等高线图和等厚度线图。

2. 工程地质立体图。

3. 工程地质分区图。

4.特殊土或特殊地质问题的专门性图件。

高层建筑岩土工程勘察报告所附表格和曲线应全面反映勘察过程中所进行的各项室内试验和原位测试工作的结果，为高层建筑岩土工程分析评价和地基基础方案的计算分析与设计提供系统完整的参数和分析论证的数据，主要图表包括下列几类：

1.土工试验及水质分析成果表，需要时应提供压缩曲线、三轴压缩试验的摩尔圆及强度包线。

2.各种地基土原位测试试验曲线及数据表。

3.岩土层的强度和变形试验曲线。

4.岩土工程设计分析的有关图表。

第四节　基槽检验与局部处理

验槽是岩土工程勘察工作的最后一个环节，也是建筑物施工第一阶段基槽开挖后的重要工序。验槽主要是为了检验勘察成果是否符合实际情况并且解决遗留的和新发现的问题。施工单位将基槽开挖完毕后，需由勘察、设计、施工、质检、监理和建设单位六方面的技术负责人，共同到施工现场验槽。

一、验槽的内容

1.核对基槽开挖的位置、平面尺寸以及检验槽底标高是否符合勘察、设计要求。

2.检验槽壁、槽底的土质类型、均匀程度，看是否存在疑问土层，是否与勘察报告一致。

3.检验基槽中是否存在防空掩体、古井、洞穴、古墓及其他地下埋设物。若存在，应进一步确定它们的位置、大小以及性状。

4.检验基槽的地下水情况是否与勘察报告一致。

二、验槽的方法

验槽主要以肉眼直接观察，有时可用袖珍式贯入仪作为辅助手段，在必要时可进行夯、拍或轻便勘探。

1.观察验槽

进行观察验槽时应仔细观察槽壁、槽底的岩土特性与勘察报告是否一致，基槽边坡是否稳定，有无影响边坡稳定的因素，如渗水、坑边堆载过多等。尤其注意不要将素填土与新近沉积的黄土混淆、新近沉积黄土与老土混淆。若有难以辨认的土质，应配合洛阳铲等工具探至一定深度仔细鉴别。

2. 夯、拍验槽

夯、拍验槽是用木夯、蛙式打夯机或其他施工机具,在基槽内部按照一定顺序依次夯、拍,根据声音来判断基槽内部是否存在墓穴、坑洞等地下埋设物。如果存在墓穴等,夯、拍的声音很沉闷,与一般土层声音不一样,发现可疑现象时,可用轻便勘探仪进一步调查。对很湿或饱和的黏性土地基不宜夯、拍,以免破坏基底土层的天然结构。

3. 轻便勘探验槽

轻便勘探验槽是用钎探、轻型动力触探、手持式螺旋钻、洛阳铲等对地基主要受力层范围内的土层进行勘探,或对上述观察,夯、拍时发现的异常情况进行探查。

(1)钎探。钎探是用直径为 22~25mm 的钢筋做钢钎,钎尖为 60° 锥状,长度为 1.8~2.1m,每 300mm 做一刻度,用质量为 4~5 kg 的穿心锤将钢钎打入土中,落锤高 500~700mm,记录每打入土中 300mm 所需的锤击数,根据锤击数判断地基好坏和是否均匀一致。

基槽(坑)钎探完毕后,要详细查看、分析钎探资料,判断基底岩土均匀情况及同一深度段的钎探锤击数是否基本一致。锤击数低于或高于平均值 30% 的钎探点,在平面图上圈出其位置、范围,分析其差别原因,必要时需补做检查探点;对低于或高于平均值 50% 的点,要补挖探井或用洛阳铲进一步探查。

(2)轻型动力触探。轻型动力触探详见圆锥动力触探试验,当遇到下列情况之一时,应在基坑底普遍进行轻型动力触探:

1)持力层明显不均匀;

2)浅部有软弱下卧层;

3)有浅埋的坑穴、古墓、古井等,直接观察难以发现时;

4)勘察报告或设计文件规定应进行轻型动力触探时。

采用轻型动力触探进行基槽检验时,检验深度及间距见表 2-6。

表 2-6　轻型动力触探的检验深度及间距

排列方式	基槽宽度	检验深度	检验间距
中心一排	<0.8m	1.2m	1.0~1.5m 视地层复杂情况而定
两排错开	0.8~2.0m	1.5m	
梅花形	>2.0m	2.1m	

(3)手持式螺旋钻。手持式螺旋钻是一种小型的轻便钻具,钻头呈螺旋形,上接一 T 形手把,由人力旋入土中,钻杆可接长,钻探深度一般为 6m,在软土中可达 10m,孔径约为 70mm。每钻入土中 300mm(钻杆上有刻度)后将钻竖直拔出,由附在钻头上的土了解土层情况(也可采用洛阳铲或勺形钻)。

三、基槽的局部处理

1. 松土坑（填土、墓穴等）的处理

当坑的范围较小时，可将坑中松软虚土挖除，使坑底及四壁均见天然土为止，然后采用与坑边的天然土层压缩性相近的材料回填。如果坑极小，夯实质量不易控制，应选压缩模量大的材料。当天然土为砂土时，用砂或级配砂石回填，回填时应分层夯实，并用平板振捣器振密；若为较坚硬的黏性土，则用 3∶7 灰土分层夯实；若为可塑的黏性土或新近沉积黏性土，多用 1∶9 或 2∶8 灰土分层夯实。当面积较大、换填较厚（一般大于 3.0m）局部换土有困难时，可用短桩基础处理，并适当加强基础和上部结构的刚度。

当松土坑的范围较大时，且坑底标高不一致时，清除填土后，应先做踏步再分层夯实，也可将基础局部加深，并做 1∶2 的台阶，两段基础相连接。

2. 大口井或土井的处理

当基槽中发现砖井时，井内填土已较密实，则应将井的砖圈拆除至槽底以下 1m（或大于 1m），在此拆除范围内用 2∶8 或 3∶7 灰土分层夯实至槽底，如井直径大于 1.5m，还应考虑适当加强上部结构的强度，如在墙内配筋。

3. 局部硬土的处理

当验槽时发现旧墙基、砖窑底、压实路面等异常硬土时，一般应全部挖除，回填土情况根据周围土层性质来确定。全部挖除有困难时，可部分挖除，挖除厚度也是根据周围土层性质而定，一般为 0.6m 左右，然后回填与周围土层性质相近的软垫层，使地基沉降均匀。

4. 局部软土的处理

由于地层差异或含水量变化，其造成局部软弱的基槽也比较常见，可根据具体情况将软弱土层全部或部分挖除，然后分层回填与周围土层性质相近的材料。若局部换土有困难，也可采用短桩基础进行处理。例如，邯郸某矿区电厂化学水处理室，钎探后发现 1.8m 软土层，东部钎探总数为 120 击左右，中部为 230 击左右，西部为 340 击左右，地基土严重不均。经与设计部门研究，采用不同置换率的夯实水泥土桩进行处理，置换率为东部 4%、中部 6%、西部 8%。

5. 人防通道的处理

在条件允许破坏而且工程量又不大的情况下，应挖除松土回填好土夯实，或用人工墩基，或钻孔灌注桩穿过。若不允许破坏，则采用双墩（桩）承担横梁跨越通道，有时还需加固人防通道。若通道位置处于建筑物边缘，可采用局部加强的悬挑地基梁避开。

6.管道的处理

如在槽底以上设有下水管道，应采取防止漏水的措施，以免漏水浸湿地基造成不均匀沉降的现象。当地基为素填土或有湿陷性的土层时，应尤其注意。如管道位于槽底以下，最好拆迁改道；如改道确有困难，则应采取必要的防护措施，避免管道被基础压坏。另外，在管道穿过基础或基础墙时，必须在基础或基础墙上管道的周围特别是上部，留出足够的空间，使建筑物沉降后不致引起管道的变形或损坏，以免造成漏水，渗入地基引起后患。

第三章　"3S"测绘技术

第一节　RS 技术与测绘

一、遥感的概念

20 世纪科学进步的一个突出标志是人类开始脱离地球从太空观测地球，并将得到的数据和信息在计算机网络上以地理信息系统的形式存储、管理、分发、流通和应用。通过航空航天遥感（包括可见光、红外、微波和合成孔径雷达）、声呐、地磁、重力、地震、深海机器人、卫星定位、激光测距和干涉测量等探测手段，人类获得了有关地球的大量地形图、专题图、影像图和其他相关数据。这就加深了人类对地球形状及其物理化学性质的了解及对固体地球、大气、海洋环流的动力学机理的认识。利用对地观测新技术，人类不仅开展了气象预报、资源勘探、环境监测、农作物估产、土地利用分类等工作，还对沙尘暴、旱涝、火山、地震、泥石流等自然灾害的预测、预报和防治展开了科学研究，有力地促进了世界各国的经济发展，提高了人们的生活质量，为地球科学的研究和人类社会的可持续发展做出了贡献。

什么是遥感呢？20 世纪 60 年代，随着航天技术的迅速发展，美国地理学家首先提出了"遥感"（Remote Sensing）这个名词，它是泛指通过非接触传感器遥测物体的几何与物理特性的技术。

按照这个定义，摄影测量就是遥感的前身。

顾名思义，遥感就是遥远感知事物的意思，也就是，不直接接触目标物体，在距离地物几千米到几百千米甚至上千千米的飞机、飞船、卫星上，使用光学或电子光学仪器（称为传感器）接收地面物体反射或发射的电磁波信号，并以图像胶片或数据磁带记录下来，传送到地面，经过信息处理、判读分析和野外实地验证，最终服务于资源勘探、动态监测和有关部的规划决策。人们通常把这一接收、传输、处理、分析判读和应用遥感数据的全过程称为遥感技术。遥感之所以能够根据收集到的电磁波数据来判读地面目标物和有关现象，是因为一切物体由于其种类、特征和环境条件的不同，而具有完全不同的电磁波的反射或发射辐射特征。因此，遥感技术主要建立在物体反射或发射电磁波的原理基础之上。

遥感技术的分类方法很多。按电磁波波段的工作区域，可分为可见光遥感、红外遥感、微波遥感和多波段遥感等；按被探测的目标对象领域的不同，可分为农业遥感、林业遥感、地质遥感、测绘遥感、气象遥感、海洋遥感和水文遥感等；按传感器的运载工具的不同，可分为航空遥感和航天遥感两大系统。航空遥感以飞机、气球作为传感器的运载工具，航天遥感以卫星、飞船或火箭作为传感器的运载工具。目前，一般采用的遥感技术分类是：首先按传感器记录方式的不同，把遥感技术分为图像方式和非图像方式两大类；再根据传感器工作方式的不同，把图像方式和非图像方式分为被动方式和主动方式两种。被动方式是指传感器本身不发射信号，而是直接接收目标物辐射和反射的太阳散射；主动方式是指传感器本身发射信号，然后再接收从目标物反射回来的电磁波信号。

二、遥感的电磁波谱

自然界中凡是温度高于 –273℃的物体都会发射电磁波。产生电磁波的方式有能级跃迁（发光）、热辐射以及电磁振荡等，因此电磁波的波长变化范围很大，能够组成一个电磁波谱。

在遥感技术中，电磁波一般用波长表示，其单位有 A(埃)、nm、μm、cm 等。目前遥感技术所应用的电磁波段仅占整个电磁波谱的一小部分，主要在紫外、可见光、红外、微波波段。

三、遥感信息获取

任何一个地物都有三大属性，即空间属性、辐射属性和光谱属性。任何地物都有空间明确的位置、大小和几何形状，这是其空间属性；对任一单波段成像而言，任何地物都有其辐射特征，反映为影像的灰度值，这是其辐射属性；而任何地物对不同波段有不同的光谱反射强度，从而构成其光谱特征。

使用光谱细分的成像光谱仪可以获得图谱合一的记录，这种方法称为成像光谱仪或高光谱（超光谱）遥感。地物的上述特征决定了人们可以利用相应的遥感传感器，将它们放在相应的遥感平台上去获取遥感数据。利用这些数据实现对地观测，对地物的影像和光谱记录进行计算机处理，测定其几何和物理属性，回答何时（When）、何地（Where）、何种目标（What object）发生了何种变化（What change）。这里的四个W就是遥感的任务和功能。

（一）遥感传感器

地物发射或反射的电磁波信息通过传感器收集、量化并记录在胶片或磁带上，然后进行光学或计算机处理，最终才能得到可供几何定位和图像解译的遥感图像。

遥感信息获取的关键是传感器。由于电磁波随着波长的变化其性质也有很大的差异，地物对不同波段电磁波的发射和反射特性也不大相同，因此接收电磁辐射的传感器的种类极为丰富。依据不同的分类标准，传感器有多种分类方法：按工作的波段可分为可见光传感器、红外传感器和微波传感器；按工作方式可分为主动传感器和被动传感器。被动式传感器接收目标自身的热辐射或反射太阳辐射，如各种相机、扫描仪、辐射计等；主动式传感器能向目标发射强大的电磁波，然后接收目标反射回波，主要指各种形式的雷达，其工作波段集中在微波区；按记录方式可分为成像方式和非成像方式两大类。非成像的传感器记录的是一些地物的物理参数。在成像系统中，按成像原理可分为摄影成像、扫描成像两大类。

尽管传感器种类多种多样，但它们具有共同的结构。一般来说，传感器由收集系统、探测系统、信号处理系统和记录系统四个部分组成。只有摄影方式的传感器探测与记录同时在胶片上完成，无须在传感器内部进行信号处理。

1. 收集系统

地物辐射的电磁波在空间中是到处传播的，即使是方向性较好的微波，在远距离传输后，光束也会扩散，因此接收地物电磁波必须有一个收集系统。该系统的功能在于把收集的电磁波聚焦并送往探测系统。扫描仪用各种形式的反射镜以扫描方式收集电磁波，如雷达的收集元件是天线，二者都采用抛物面聚光，物理学上称抛物面聚光系统为卡塞格伦系统。如果进行多波段遥感，那么收集系统中还包括按波段分波束的元件，一般采用各种色散元件和分光元件，如滤色片、分光镜和棱镜等。

2. 探测系统

探测系统用于探测地物电磁辐射的特征，是传感器中最重要的部分。常用的探测元件有胶片、光电敏感元件和热电灵敏元件。探测元件之所以能探测到电磁波的强弱，是因为探测器在光子（电磁波）作用下发生了某些物理化学变化，这些变化被记录下来并经过一系列处理便成为人眼能看到的相片。感光胶片便是通过光学作用探测近紫外至近红外的电磁辐射。这一波段的电磁辐射能使感光胶片上的卤化银颗粒分解，析出银粒的多少反映了光照的强弱，并构成地面物像的潜影，胶片经过显影、定影处理，就能得到稳定的、可见的影像。

光电敏感元件是利用某些特殊材料的光电效应把电磁波信息转换为电信号来探测电磁辐射的。其工作波段涵盖紫外至红外波段，在各种类型的扫描仪上都有广泛的应用。光电敏感元件按其探测电磁辐射机理的不同，又分为光电子发射器件、光电导器件和光伏器件等。光电子发射器件在入射光子的作用下，表面电子能溢出成为自由电子。相应地，光电导器件在光子的作用下自由载流子增加，电导率变大；光电器件在光子作用下产生的光生载流子聚焦在二极管的两侧形成电位差，这样，自由电子的多少、电导率的大小、电位差的高低就反映了入射光能量的强弱。电信号经过放大、电光转换等过程，便成为人眼可见的影像。

还有一类热探器是利用辐射的热效应工作的。探测器吸收辐射能量后，温度升高，温度的改变引起其电阻值或体积发生变化。测定这些物理量的变化便可知辐射的强度。但热探测器的灵敏度和响应速度较低，仅在热红外波段应用较多。

值得一提的是雷达成像。雷达在技术上属于无线电技术，而可见光和红外传感器属于光学技术范畴。雷达天线在接收微波的同时，把电磁辐射转变为电信号，电信号的强弱反映了微波的强弱，但习惯上并不把雷达天线称为探测元件。

3. 信号处理系统

扫描仪、雷达探测到的都是电信号，这些电信号很微弱，需要进行放大处理。另外，有时为了监测传感器的工作情况，需适时将电信号在显像管的屏幕上转换为图像，这就是信号处理的基本内容。目前很少将电信号直接转换记录在胶片上，而是记录在模拟磁带上。

磁带回放制成胶片的过程可以在实验室进行，这与从相机上取得摄像底片然后进行暗室处理得到影像的过程极为类似，可使传感器的结构变得更加简单。

4. 记录系统

遥感影像的记录一般分直接与间接两种方式。直接记录方式有摄影胶片、扫描航带胶片、合成孔径雷达的波带片；还有一种是在显像管的荧光屏上显示图像，再用相机翻拍成的胶片。间接记录方式有模拟磁带和数字磁带。模拟磁带回放出来的电信号，通过电光转换可显示为图像；数字磁带记录时要经过模数转换，回放时则要经过数模转换，最后仍通过电转换才能显示图像。

（二）遥感平台

遥感中搭载传感器的工具统称为遥感平台（Platform），它包括人造卫星、航天航空飞机乃至气球、地面测量车等。表 3-1 列出了遥感中可能用到的平台及其高度与使用目的。遥感平台中，高度最高的是气象卫星 GMS 风云 2 号等所代表的地球同步静止轨道卫星，它位于赤道上空 36 000km 的高度上。其次是高度为 400~1 000km 的地球观测卫星，如 Landsat、SPOT、CBERS Ⅰ 以及 IKONOS Ⅱ、"快鸟"等高分辨率卫星。它们大多能在同一个地方同时观测的极地或近极地太阳同步轨道使用。其他按高度排列主要有航天飞机、探空仪、超高度喷气飞机、中低高度飞机、无线电遥探飞机乃至地面测量车等。

表 3-1 遥感中可能用到的平台及其高度与使用目的

遥感平台	高度	目的用途	其他
静止轨道卫星	36 000km	定点地球观测	气象卫星 （风云 2 号、GMS 等）
圆轨道卫星（地球观测卫星）	500~1 000km	定期地球观测	Landsat、SPOT、MOS 等
航天飞机	240~350km	不定期地球观测空间实验	
近空间平流层飞艇	20~100km	特定区域的对地观测与通信	
无线电探空仪	100m~100km	各种调查（气象等）	
超高度喷气飞机	10 000~12 000m	侦察大范围调查	
中低高度飞机	500~8 000m	各种调查航空摄影测量	
飞艇	500~3 000m	空中侦察各种调查	
直升机	100~2 000m	各种调查摄影测量	
无线电遥探飞机	500m 以下	各种调查摄影测量	飞机直升机
牵引飞机	50~500m	各种调查摄影测量	牵引滑翔机
系留气球	800m	以下各种调查	
索道	10~40m	遗址调查	
吊车	5~50m	地面实况调查	
地面测量车	0~30m	街景三维测绘地面实况调查	车载升降台

静止轨道卫星又称地球同步卫星。它们位于 30 000km 外的赤道平面上，与地球自转同步，所以相对于地球来说是静止的。不同国家的静止轨道卫星在不同的经度上，以实现对该国有效地区对地重复观测。

圆轨道卫星一般又称极轨卫星，这是太阳同步卫星。它使得地球上同一位置能重复获得同一时刻的图像。该类卫星按其过赤道面的时间分为 AM 卫星和 PM 卫星。一般上午 10：30 通过赤道面的极轨卫星称为 AM 卫星（如 EOS 卫星中的 Terra），下午 1：30 通过赤道的卫星称为 PM 卫星（如 EOS 卫星中的 Aqua）。

（三）遥感数据的记录形式与特点

遥感数据的分辨率分为空间分辨率（地面分辨率）、光谱分辨率（波谱带数目）、时间分辨率（重复周期）和温度分辨率。

空间分辨率通常指的是像素的地面大小，又称地面分辨率。Landsat 卫星的 MSS 图像，像素的地面分辨率为 79m，而 1983—1984 年的 Landsat-4/5 上的 TM（专题制图仪）图像的地面分辨率则为 30m。欧洲空间局（ESA）于 1983 年 12 月发射的航天飞机载空间试验室（Space Lab），利用德国蔡司厂 300mm RMK 相机，取得 1：80 万航天相片，摄影分辨率为 20m(每毫米线对)，相对于像元素地面大小为 8m。1984 年，美国国家航空航天局发射的航天飞机载大像幅摄影机 LFC，其像幅为 23cm×46cm，其地面分辨率为 15m。1986 年 2 月和 1990 年，法国发射的 SPOT-1、2 卫星，利用两个 CCD

线阵列构成数字式扫描仪，像素地面大小对全色为10m，通过侧向镜面倾斜可获得基线航高比达到1~1.2的良好立体景像，从而可采集数字高程横型（Dcm）和立体测图，并可制作正射影像，可用作1：5万地图测制或修测。SPOT影像在海湾战争中得到广泛应用。苏联的KFA-1000航天相片，像素的地面大小为4m，分辨率极高。而到了20世纪90年代，由于高分辨长线阵和大面阵电荷耦合器件（CCD）相继问世，卫星遥感图像的地面分辨率大大提高。例如，印度卫星IRS-IC，其地面分辨率为5.8m；法国的SPOT-5采用新的三台高分辨率几何成像仪（HRG），提供5m和2.5m的地面分辨率，并能沿轨或侧轨立体成像；日本研制发射的三线阵高分辨率观测卫星ALOS，具有2.5m全色分辨率和10m多光谱分辨率能力；南非已于1995年发射了一颗名为"绿色"的遥感小卫星，载有1.5m分辨率的可见光CCD相机；以色列也发射了2m分辨率的成像卫星系统；美国于1999年9月成功发射的IKONOS Ⅱ以及2001年发射的"Quick Bird"，分别能提供1m与0.61m空间分辨的全色影像和4m与2.44m空间分辨率的多光谱影像。所有这些都为遥感的定量化研究提供了保证。

利用成像光谱仪和高光谱、超光谱遥感，可以大大提高遥感的光谱分辨率，从而极大地增强对地物性质、组成与相互差异的研究能力。

时间分辨率指的是重复获取某一地区卫星图像的周期，提高时间分辨率有以下几种方法：一是利用地球同步静止卫星，可以实现对地面某一地区的多次、重复观测，可达到每小时、每半小时甚至更快地重复观测；二是通过多个小卫星组建卫星星座，从而提高重复观测能力；三是通过卫星上多个可以任意方向倾斜45°的传感器，从而可以在不同的轨道位置上对某一感兴趣目标点进行重复观测。

此外，对于热红外遥感，还有一个温度分辨率，目前可以达到0.5K（开尔文），在不久的将来可达到0.1K，从而提高定量化遥感反演的水平。

（四）遥感对地观测的历史发展

从空中拍摄地面的照片，最早是1858年纳达在气球上进行的。1903年福特兄弟发明了飞机，使航空遥感成为可能。1906年，劳伦士用17只风筝拍下了旧金山大火这一珍贵的历史性大幅照片。第一次世界大战中第一台航空摄影机问世，英国空军拍下了德国的炮兵阵地。由于航空摄影比地面摄影有明显的优越性，如视场开阔、无前景挡后景，可快速飞过测区获得大面积的相片，使得航空摄影，或现在更广泛的包括摄影和非摄影的各种航空遥感方法得到飞速的发展。

1957年，苏联发射了第一颗人造卫星，使卫星摄影测量成为可能。1959年，美国探索6号卫星发回第一张地球相片。1960年，人类从"泰罗斯"与"雨云"气象卫星上获得全球的云图。1971年，美国"阿波罗"宇宙飞船成功地对月球表面进行航天摄影测量。同年，美国利用"水手"号探测器对火星进行测绘作业。1972年，美国地球资源卫星（后改称"陆地卫星"）上天，其多光谱扫描仪（MSS）影像用于对地观测，使得遥感作为一门新技术得到广泛应用。从空中观测地球的平台包括气球、飞艇、飞机、火箭、人造卫星、航天飞机和太空观测站。目前，全球在轨的人造卫星达到3 000颗，其中提供遥感、定位、通信传输的数据和图像服务的将近500颗。目前世界各国已建成的遥感卫星地面接收站超过50个。

现有的卫星遥感系统（科学试验、海洋遥感卫星、军事卫星除外）大体上可分为气象卫星、资源卫星和测图卫星三种类型。从第一代气象观测卫星TIROS于1965年上天和第一代陆地资源卫星Landsat-1于1972年上天算起，卫星遥感系统走过了30多个春秋，至今卫星遥感已取得了令人瞩目的成绩。从实验到应用、从单学科到多学科综合、从静态到动态、从区域到全球、从地表到太空，无不表明遥感已经发展到相当成熟的阶段。当代遥感的发展主要表现在它的多传感器、高分辨率和多时相特征上。

1. 多传感技术

该技术已能全面覆盖大气窗口的所有部分。光学遥感包含可见光、近红外和短波红外区域。热红外遥感的波长可达8~14μm。微波遥感外测目标物电磁波的辐射和散射，分被动微波遥感和主动微波遥感，波长范围为1~100cm。

2. 遥感的高分辨率特点

该特点全面体现在空间分辨率、光谱分辨率和温度分辨率三个方面。长线阵CCD成像扫描仪可以达到0.4~2m的空间分辨率，成像光谱仪的光谱细分可以达到5~6nm的光谱分辨率。热红外辐射计的温度分辨率可以从0.5 K提高到0.1~0.3 K。

3. 遥感的多时相特征

随着小卫星群计划的推行，可以用多颗小卫星实现每3~5天对地表进行重复采样一次，获得高分辨率全色图像和成像光谱仪数据。多波段、多极化方式的雷达卫星将能解决阴雨多雾情况下的全天候和全天时对地观测。

（五）主要的遥感对地观测卫星及其未来发展

1. 气象卫星

气象卫星主要分为地球同步静止气象卫星和太阳同步极轨气象卫星两大类。气象卫星遥感与地球资源卫星遥感的工作波段大致相同，所不同的是图像的空间分辨率大多为1~5km，较资源卫星（≤100m）低，但其时间分辨率则大大高于资源卫星的15~25天，每天可获得同一地区的多次成像。

静止气象卫星是作为联合国世界气象组织（WMO）全球气象监测计划的内容而发射的，它们以约70°的间隔配置在赤道上空，轨道高度为3 600km。中国的FY-2也属于这种类型，位于经度为105°的轨道上，主要用于中国的气象监测。静止气象卫星每0.5h提供一幅空间分辨率为5km的卫星图像。

广泛使用的 NOAA 气象卫星等属于太阳同步极轨卫星，卫星高度在 800km 左右。每颗卫星每天至少可以对同一地区进行两次观测，图像空间分辨率为 1km。极轨气象卫星主要用于全球及区域气象预报，并适用于全球自然和人工植被监测、灾害（水灾、旱灾、森林火灾、沙漠化等）监测以及农作物估产等方面。

2. 资源卫星

卫星系统多采用激光扫描仪、CCD 固体阵列传感器等光学传感器，可获得 100m 空间分辨率的全色或多光谱图像。采集的多光谱数据对土地利用、地球资源调查、监测与评价、森林覆盖、农业和地质等专题信息的提取具有极其重要的作用。

由于光学传感器系统受天气条件的限制，主动式的合成孔径侧视雷达（SAR）在多云雾、多雨雪地区的地形测图、灾害监测、地表形态及其形变监测中具有特殊的作用。

3. 地球观测系统（EOS）计划

美国国家宇航局（NASA）于 1991 年发起了一个综合性的项目，称为地球科学事业（ESE），它的核心便是地球观测系统（EOS）。EOS 计划中包括一系列卫星，它的任务是通过这些卫星对地球系统的主要状态参数进行量测，同时开始长期监测人类活动对环境的影响，主要包括火灾、冰（冰川）、陆地、辐射、风暴、气候、污染以及海洋等现象。NASA 现在采用地球观测系统数据和信息系统（EOSDIS）来管理这些卫星，并对其数据进行归档、分布和信息管理等。

EOS 的目标是：

（1）检测地球当前的状况；

（2）监测人类活动对地球和大气的影响；

（3）预测短期气候异常、季节性乃至年际气候变化；

（4）改进灾害预测；

（5）长期监测气候与全球变化。

Terra 卫星是 EOS 计划中第一颗装载有 MODIS 传感器的卫星，发射于 1999 年 12 月 18 日。Terra 是美国、日本和加拿大联合进行的项目，卫星上共有五种装置，它们分别是云与地球辐射能量系统 CERES、中分辨率成像光谱仪 MODIS、多角度成像光谱仪 MISR、先进星载热辐射与反射辐射计 ASTER 和对流层污染测量仪 MOPITT。在外观上，Terra 卫星的大小相当于一辆小型校园公共汽车。它装载的五种传感器能同时采集地球大气、陆地、海洋和太阳能量平衡的信息。每种传感器都有它独特的作用，这使得 EOS 的科学工作者能研究大范围的自然科学实体。Terra 沿地球近极地轨道航行，高度是 705km，它在早上同一时间经过赤道，此时陆地上云层覆盖为最少，对地表的视角的范围最大。Terra 的轨道基本上是和地球的自转方向相垂直，所以它的图像可以拼接成一幅完整的地球总图像。科学家通过这些图像逐渐理解了全球气候变化的起因和效果，他们的目标是了解地球气候和环境是如何作为一个整体作用的。Terra 的预期寿命是 6 年。在未来的几年内，将会发射其他几颗卫星，利用遥感技术的新发展，对 Terra 采集的信息进行补充。Aqua 发射于 2002 年 5 月 4 日，装置有云与地球辐射能量系统测量仪 CERES、中分辨率成像光谱仪 MODIS、大气红外探测器 AIRS、先进微波探测元件 AMSU-A、巴西湿度探测器 HSB 和地球观测系统先进微波扫描辐射计 AMSR-E。Aqua 卫星的目标是通过监测和分析地球的变化来提高我们对地球系统以及由此发生的变化的认识。Aqua 卫星是根据它主要采集地球水循环的海量数据而命名的。这些数据包括海洋表面水、海洋的蒸发，大气中的水蒸气、云、降水、泥土湿气、海冰和陆地上的冰雪覆盖。Aqua 测量的其他变化包括辐射能量通量、大气气溶胶、地表植被、海洋中的浮游植物和溶解的有机成分以及空气、陆地和水的温度。Aqua 预期的一个特别优势就是由大气温度和水蒸气得到的天气预报的改善。Aqua 测量还提供了全球水循环的所有要素，并有利于根据雪、冰、云和水蒸气增强或抑制全球和区域性温度变化和其他气候变化的程度来回答一些开放的问题。有人指出，由于 EOS 计划所提供的丰富的陆地、海洋和大气等参数信息，再配合 ADEOS Ⅱ、TRMM、ASTSR、ENVISAT、Landsat 等卫星数据与地面网站数据，将引起气候变化研究手段的革命。

4. 制图卫星

为了用于 1∶10 万及更大比例尺的测图，对空间遥感最基本的要求是其空间分辨率和立体成像能力。值得注意的是，美国成功发射的 IKONOS Ⅱ 卫星和快鸟卫星开辟了高空间分辨率商业卫星的新纪元。合成孔径侧视雷达的发展主要体现为时间分辨率的提高，特别是双天线卫星雷达的研制。

5. 遥感传感器的未来发展

光学传感器未来发展将进一步提高空间分辨率和光谱分辨率。事实上，军用卫星的分辨率实际上已达到 0.10~0.15m。

成像光谱仪（Imaging Spectrometer）能以高达 5~6 nm 的光谱分辨率在特定光谱域内以超多光谱数的海量数据同时获取目标图像和多维光谱信息，形成图谱合一的影像立方体。

只有双天线星载雷达才有可能获得同一成像条件下的真正的干涉雷达数据，以方便地生成描述地形地貌的数字高程模型和研究地表三维形变。目前的重复轨道（Repeat Orbit）法获得的干涉雷达数据，由于受地表和大气等成像条件变化的影响，形成好的干涉图像的成功率较低。但是，星载 150~200m 基线的双天线技术无疑也是对航天技术的一个挑战，我国目前正在研发之中。

此外，激光断面扫描仪（Laser Scanner）也是近几年来引起广泛兴趣并成为研制热点之一的传感器系统。其作用是直接用于测定地面高程，从而建立数字高程模型。它向地面发射高频激光波束并接受反射波，精确地记录波束传输时间。传感器的位置和姿态参数由 GPS 和 INS 精确确定。根据传感器的位置和姿态以及激光波束的传输时间，即可精确测定地面的高程（达到分米级）。加拿大、美国、荷兰、德国等国家相继推出了航空激光扫描仪系统，并和 CCD 成像集成。

四、遥感信息传输与预处理

随着遥感技术，特别是航天遥感的迅速发展，如何将传感器收集到的大量遥感信息正确、及时地送到地面并迅速进行预处理，以提供给用户使用，成为一个非常关键的问题。在整个遥感技术系统中，信息的传输与预处理设备的耗资是很大的。

（一）遥感信息的传输

传感器收集到的被测目标的电磁波，经不同形式直接记录在感光胶片或磁带（高密度数据磁带 HDDT 或计算机兼容磁带 CCT）上，或者通过无线电发送到地面被记录下来。遥感信息的传输有模拟信号传输和数字信号传输两种方式。模拟信号传输是指将一种连续变化的电源与电压表示的模拟信号经过放大和调制后用无线电传输，数字信号传输是指将模拟信号转换为数字形式进行传输。

由于遥感信息的数据量相当大，要在卫星过境的短时间内将获得的信息数据全部传输到地面是有困难的，因此，在信息传输时要进行数据压缩。

（二）遥感信息的预处理

从航空或航天飞行器的传感器上收到的遥感信息因受传感器性能、飞行条件、环境因素等的影响，在使用前要进行多方面的预处理才能获得反映目标实际的真实信息。遥感信息预处理主要包括数据转换、数据压缩和数据校正。这部分工作是在提供给用户使用前进行的。

1. 数据转换

由于所接收到的遥感数据记录形式与数据处理系统的输入形式不一定相同，而处理系统的输出形式与用户要求的形式也可能不同，因此必须进行数据转换。与此同时，在数据处理过程中也都存在数据转换的问题。数据转换的形式与方法有模数转换、数模转换、格式转换等。

2. 数据压缩

传送到遥感图像数据处理机构的数据量是十分庞大的。目前虽然用电子计算机进行数据预处理，但数据处理量和处理速度仍然跟不上数据的收集量。所以在图像预处理过程中，还要进行数据压缩。其目的是去除无用的或多余的数据，并以特征值和参数的形式保存有用的数据。

3. 数据校正

由于环境条件的变化、仪器自身的精度和飞行姿态等因素的影响，因此会导致一系列的数据误差。为了保证获得信息的可靠性，必须对这些有误差的数据进行校正。校正的内容主要有辐射校正和几何校正。

（1）辐射校正

传感器从空间对地面目标进行遥感观测，所接收到的是一个综合的辐射量。除有遥感研究最有用的目标本身发射的能量和目标反射的太阳能外，还有周围环境如大气发射与散射的能量、背景照射的能量等。因此，有必要对辐射量进行校正。校正的方式有两种，即对整个图像进行补偿或根据像点的位置进行逐点校正。

（2）几何校正

为了从遥感图像上找出地面目标正确的地理位置，使不同波段图像或不同时期、不同传感器获得的图像相互配准，有必要对图像进行几何校正，以纠正各种因素引起的几何误差。几何误差包括飞行器姿态不稳定及轨道变化所造成的误差、地形高差引起的投影差和地形产生的阴影、地球曲率产生的影像歪斜、传感器内部成像性能引起的影像线性和非线性畸变所造成的误差等。将经过上述预处理的遥感数据回放成模拟相片或记录在计算机兼容磁带上，才可以提供给用户使用。

五、遥感影像数据处理

（一）概述

遥感影像数据的处理分为几何处理、灰度处理、特征提取、目标识别和影像解译。几何处理依照不同传感器的成像原理而有所不同，对无立体重叠的影像主要是几何纠正和形成地学编码，对有立体重叠的卫星影像，还要解求地面目标的三维坐标和建立数字高程模型。星地直接解是依据卫星轨道参数和传感器姿态参数空对地直接求解。利用求出的变换参数和相应的成像方程，便可求出影像上目标点的地面坐标。

影像的灰度处理包括图像复原和图像增强、影像重采样、灰度均衡、图像滤波。图像增强包括反差增强、边缘增强、滤波增强和彩色增强。不同传感器、不同分辨率、不同时期的数据可以通过数据融合的方法获得更高质量、更多信息量的影像。

特征提取是从原始影像上通过各种数学工具和算子提取用户有用的特征，如结构特征、边缘特征、纹理特征、阴影特征等。目标识别则是从影像数据中人工或自动半自动地提取所要识别的目标，包括人工地物和自然地物目标。影像解译是对所获得的遥感图像用人工或计算机方法对图像进行判读，对目标进行分类。影像解译可以用各种基于影像灰度的统计方法，也可以用基于影像特征的分类方法，还可以从影像理解出发，借助各种知识进行推理。这些方法也可以相互组合形成各种智能化的方法。

（二）雷达干涉测量和差分雷达干涉测量

除了利用两张重叠的亮度图像进行类似立体摄影测量方法的立体雷达图像处理外，雷达干涉测量（InSAR）和差分雷达干涉测量（D-InSAR）被认为是当代遥感中的重要新成果。

最近美国"奋进号"航天飞机上双天线雷达测量的结果使人们更加关注这一技术的发展。雷达测量与光学遥感有明显的区别，它不是中心投影成像，而是距离投影，获得的是相位和振幅记录而组成为复雷达图像。

所谓雷达干涉测量是利用复雷达图像的相位差信息来提取地面目标地形三维信息的技术，而差分雷达干涉测量则是利用复雷达图像的相位差信息来提取地面目标微小地形变化信息的技术。此外，雷达相干测量是利用复雷达图像的相干性信息来提取地物目标的属性信息。获取立体雷达图像的干涉模式主要有沿轨道法、垂直轨道法、重复轨道法。美国一直利用航天飞机进行各种雷达遥感工作，并取得了很好的成绩。举例来说，美国"奋进号"航天飞机在 60m 长的杆子两端分别装设两个雷达天线，接收合成孔径雷达（C/X）波段的反射（偏振）波信号，然后传输给地面站，实现数字地形图具有 10~16m 地面高程分辨率和 30m 的水平分辨率，且仅用 9.5 天时间就获得了全球陆地 75% 的干涉测量数据。

1. 雷达干涉测量原理

雷达干涉测量的数据处理包括用轨道参数法或控制点测定基线、图像粗配准和精配准，最终要达到 1/10 像元的精度才能保证获得较好的干涉图像；随后进行相位解缠。其中最常用的方法有最小二乘法、基于网络规划的算法等。这是一个十分重要的、有难度的工作，相当于 GPS 相位测量中的整周模糊度的求解。必须指出的是，目前的卫星雷达干涉测量采用的是重复轨道法。构成基线的两幅雷达记录有时差，就可能由于地面温度不同从而使后向反射强度产生差异，从而引起影像配准的困难。所以，现在人们把注意力集中在攻克双天线雷达成像技术上。

2. 差分雷达干涉测量原理

差分干涉雷达测量的最大优点是能从几百千米的高度上获得毫米至厘米级的地表三维形变。如果利用永久散射体的特点进行 D-InSAR，这些永久散射体（PS）可以起到很好的控制作用，从而提高差分干涉测量的精度（达到 3~4mm）。

六、遥感技术的应用

遥感技术的应用涉及各行各业、方方面面，这里简要列举其在民国经济建设中的主要应用。

1.在国家基础测绘和建立空间数据基础设施中的应用

各种分辨的遥感图像是建立数字地球空间数据框架的主要来源，可以形成地表景观的各种比例尺影像数据库；可以用立体重叠影像生成数字高程模型数据库；还可以从影像上提取地物目标的矢量图形信息。另外，由于遥感卫星能长年地、周期地和快速地获取影像数据，这为空间数据库和地图更新提供了最好的手段。

2.在铁路、公路设计中的应用

航空航天遥感技术可以为线路选线和设计提供各种几何和物理信息，包括断面图、地形图、地质解译、水文要素等信息。此技术已在我国主要新建的铁路线和高速公路线的设计和施工中得到广泛应用，特别是在西部开发中，该地区人烟稀少，地质条件复杂，遥感手段更有其优势。

3.在农业中的应用

遥感技术在农业中的应用主要包括：利用遥感技术进行土地资源调查与监测、农作物生产与监测、作物长势状况分析和生长环境的监测。将基于 GPS、GIS 的监测和农业专家系统相结合，可以实现精准农业。

4.在林业中的应用

森林是重要的生物资源，具有分布广、生长期长的特点。由于人为因素和自然原因，森林资源经常发生变化，因此，利用遥感手段及时准确地对森林资源进行动态变化监测，掌握森林资源的变化规律，具有重要的社会、经济和生态意义。

利用遥感手段可以快速地进行森林资源调查和动态监测，可以及时地进行森林虫害的监测，定量地评估由于空气污染、酸雨及病虫害等因素引起的林业危害。遥感的高分辨率图像还可以参与和指导森林经营和运作。

气象卫星遥感是发现和监测森林火灾的最快速和最廉价手段，可以掌握起火点、火灾通过区域、灭火过程、灾情评估和过火区林木的恢复情况。

5.在煤炭工业中的应用

煤炭是中国的主要能源之一，占全国能源消耗总量的 70% 以上。煤炭工业的发展部署对国民经济的发展具有直接的影响。由于行业的特殊性，煤炭工业长期处于劳动密集型的低技术装备状况，从煤田地质勘探、矿井建设到采煤生产各阶段都一直靠"人海战术"。因此，如何在煤炭工业领域引入高新技术，是中国政府和煤炭系统科研人员的共同愿望。中国煤炭工业规模性应用航空遥感技术始于 20 世纪 60 年代，当时煤炭部航测大队的成立，标志着中国煤炭步入真正应用航空遥感阶段。大量研究表明，煤层在光场中具有如下反射特征：煤层在 $0.4\sim0.8\,\mu m$ 波段，反射率小于 10%；在 $0.9\sim0.95\,\mu m$ 之间出现峰值，峰值反射率小于 12%；在 $0.95\sim1.1\,\mu m$ 之间，反射率平缓下降。煤层与其他岩石相比，反射率最低，在 $0.4\sim1.1\,\mu m$ 波段中，煤层反射率低于其他岩石 5%~30%。

煤层在热场中具有周期性的辐射变化规律，即煤层在地球的周日旋转中，因受太阳电磁波的作用不同，冷热异常交替出现，白天在日过中天后出现热异常；夜间在日落到日出之间出现冷异常。因此，热红外遥感是煤炭工业的最佳应用手段，利用各种摄影或扫描手段获取的热红外遥感图像，可用于识别煤层，探测煤系地层。

遥感技术在煤炭工业中的应用，主要包括煤田区域地质调查，煤田储存预测，煤田地质填图，煤炭自燃，发火区圈定、界线划分、灭火作业及效果评估，煤矿治水、调查井下采空后的地面沉陷，煤炭地面地质灾害调查，煤矿环境污染及矿区土复耕等。

6. 在油气资源勘探中的应用

油气资源勘探与其他领域一样，由于遥感技术的迅速渗透而充满生机。油气资源遥感勘探以其快速、经济、有效等特点而引人瞩目，受到国内外油气勘探部门的高度重视。20 世纪 80 年代以来，美国、苏联、日本、澳大利亚、加拿大等国都进行了油气遥感勘探方法的试验研究。例如，美国于 1980 年至 1984 年间分别在怀俄明州、西弗吉尼亚州、得克萨斯州选择了三个油气区，利用 TM 图像，结合地球化学和生物地球化学方法，进行油气资源遥感勘探研究。自 1977 年起，我国地矿部先后在塔里木、柴达木等地进行了油气资源遥感勘探研究，取得了不少成果并且获得实践经验。

目前，国内外的油气遥感勘探主要是基于 TM 图像提取烃类微渗漏信息。地物波谱研究表明：$2.2\,\mu m$ 附近的电磁波谱适宜鉴别岩石蚀变带，用 TM 影像检测有一定的效果。但是，TM 图像相对较粗的光谱分辨率和并不覆盖全部需要的波段工作范围，影响其提取油气信息。20 世纪 90 年代蓬勃发展的成像光谱遥感技术，因其具有很高的光谱分辨率和灵敏度，在油气资源遥感勘探中发挥了更大的作用。

利用遥感方法进行油气藏靶区预测的理论基础是：地下油气藏上方存在着烃类微渗漏，烃类微渗漏导致地表物质产生理化异常。主要的理化异常类型有土壤烃组分异常、红层褪色异常、黏土丰度异常、碳酸盐化异常、放射性异常、热惯量异常、地表植被异常等。油气藏烃类渗漏引起地表层物质的蚀变现象必然反映在该物质的波段特征异常上。大量室内、野外原油及土壤波谱测量表明，烃类物质在 $1.725\,\mu m$、$1.760\,\mu m$、$2.310\,\mu m$ 和 $2.360\,\mu m$ 等处存在一系列明显的特征吸收谷，而在 $2.30\sim2.36\,\mu m$ 波段间以较强的双谷形态出现。遥感方法通过测量特定波段的波谱异常，可预测对应的地下油气藏靶区。由于土壤中的一些矿物质（如碳酸盐矿物质）的吸收谷也在烃类吸收谷的范围，这给遥感探测烃类物质带来了困难。因此，要区分烃类物质的吸收谷必须实现窄波段遥感探测，即要求传感器具有高光谱分辨率的同时具有高灵敏度。

近年来发展的机载和卫星成像光谱仪是符合上述要求的新型成像传感器。例如，中科院上海技术物理所研制的机载成像光谱仪，通过细分光谱来提高遥感技术对地物目标分类和目标特性识别的能力。例如，可见光 / 近红外（$0.64\sim1.1\,\mu m$）设置 32 个波段，光谱取样间隔为 20mm；短波红外（$1.4\sim2.4\,\mu m$）设置 32 个波段，光谱间隔为

25mm；8.20~12.5μm 热红外波段细分为 7 个波段。成像光谱仪的工作波段覆盖了烃类微渗漏引起地表物质"蚀变"异常的各个特征波谱带，是检测烃类微渗漏特征吸收谷的较为有效的传感器。通过利用成像光谱图像结合地面光谱分析及化探数据分析进行油气预测靶区圈定的试验，人们已证明成像光谱仪是一种经济、快速、可靠性好的非地震油气勘探技术，可在油气资源勘探中发挥重要的作用。

7. 在地质矿产勘查中的应用

遥感技术为地质研究和勘查提供了先进的手段。它可为矿产资源调查提供重要依据和线索，对高寒、荒漠和热带雨林地区的地质工作提供有价值的资料。特别是卫星遥感，为大区域甚至全球范围的地质研究创造了有利条件。

遥感技术在地质调查中的应用主要是利用遥感图像的色调、形状、阴影等标志解译出地质体类型、地层、岩性、地质构造等信息，为区域地质填图提供必要的数据。

遥感技术在矿产资源调查中的应用主要是根据矿床成因类型，结合地球物理特征，寻找成矿线索或缩小找矿范围。通过成矿条件的分析，人们可以提出矿产普查勘探的方向，指出矿区的发展前景。

在工程地质勘查中，遥感技术主要用于大型堤坝、厂矿及其他建筑工程选址、道路选线以及由地震或暴雨等造成的灾害性地质过程的预测等方面。例如，山西大同某电厂选址、京山铁路改线设计等，通过从遥感资料的分析中发现过去资料中没有反映的隐伏地质构造，通过改变厂址与选择合理的铁路线路，在确保工程质量与安全方面起了重要的作用。

在水文地质勘查中，人们则利用各种遥感资料（尤其是红外摄影、热红外扫描成像）查明区域水文地质条件、富水地貌部位，识别含水层及判断充水断层。例如，美国在夏威夷群岛用红外遥感方法发现 200 多处地下水露点，解决了该岛所需淡水的水源问题。

近些年来，我国高等级公路建设如雨后春笋般进入了新的增长时期，如何快速有效地进行高等级公路工程地质勘查，是地质勘查面临的一个新问题。对多条线路的工程地质和地质灾害遥感调查的研究表明，遥感技术完全可应用于公路工程地质勘查。

遥感工程地质勘查要解决的主要问题有以下几个：

（1）岩性体特征分析，主要应查明岩性成分、结构构造、岩相、厚度及变化规律、岩体工程地质特征和风化特征，应特别重视对软弱黏性土、胀缩黏土、湿陷性黄土、冻土、易液化饱和土等特殊性质土的调查。

（2）灾害地质现象调查，即对崩塌、滑坡、泥石流、岩溶塌陷、煤田采空区的分布状况及沿路地带稳定性评价进行研究。

（3）断层破碎带的分布及活动断层的活动性分析研究也是遥感工程地质勘查的研究内容。

8. 在水文学和水资源研究中的应用

遥感技术既可观测水体本身的特征和变化，又能够对其周围的自然地理条件及人文活动的影响提供全面的信息，为深入研究自然环境和水文现象之间的相互关系，进而揭露水在自然界的运动变化规律创造了有利条件。同时，由于卫星遥感对自然界环境动态监测比常规方法更全面、仔细、精确，并且能获得全球环境动态变化的大量数据与图像，这在研究区域性的水文过程，乃至全球的水文循环、水量平衡等重大水文课题中具有无比的优越性。

因此，在陆地卫星图像广泛的实际应用中，水资源遥感已成为最引人注目的一个方面，遥感技术在水文学和水资源研究中发挥了巨大的作用。在美国陆地卫星图像的应用中，水文学和水资源方面所得的收益首屈一指，其中减少洪水损失和改进灌溉这两项就占陆地卫星应用总收益的41.3%。

遥感技术在水文学和水资源研究方面的应用主要有水资源调查、水文情报预报和区域水文研究。

利用遥感技术不仅能确定地表江河、湖沼和冰雪的分布、面积、水量和水质，而且对勘测地下水资源也是十分有效的。在青藏高原地区，经对遥感图像解译分析，不仅对已有湖泊的面积、形状修正得更加准确，而且还新发现了500多个湖泊。

地表水资源的解译标志主要是色调和形态。一般来说，对可见光图像，水体混浊、浅水沙底、水面结冰和光线恰好反射入镜头时，其影像为浅灰色或白色；反之，水体较深或水体虽不深但水底为淤泥，则其影像色调较深。由于水体对近红外有很强的吸收作用，因此水体影像呈黑色，它和周围地物有着明显的界线。对多光谱图像来说，各波段图像上的水体色调是有差异的，这种色调差异也是解译水体的间接标志。利用遥感图像的色调和形态标志，可以很容易地解译出河流、沟渠、湖泊、水库、池塘等地表水资源。

埋藏在地表以下的土壤和岩石里的水称为地下水，它是一种重要的资源。按照地下水的埋藏分布规律，利用遥感图像的直接和间接解译标志，可以有效地寻找地下水资源。一般来说，遥感图像所显示的古河床位置、基岩构造的裂隙及其复合部分、洪积扇的顶端及其边缘、自然植被生长状况好的地方均可找到地下水。

地下水露头、泉水的分布在8~14μm的热红外图像上显示最为清晰。由于地下水和地表水之间存在温差，因此，利用热红外图像能够发现泉眼。

用多光谱卫星图像寻找地下浅层淡水及分析其分布规律也有一定的效果。例如，我国通过对卫星相片色调及形状特征的解译分析，发现东北地区植被特征与地下浅层淡水密切相关，而浅层淡水空间分布又与古河道密切相关，由此可较容易地圈出东北地区浅层淡水的分布。

水文情报的关键在于及时准确地获得各有关水文要素的动态信息。以往主要靠野外调查及有限的水文气象站点的定位观测，很难控制各要素的时空变化规律，在人烟稀少、自然环境恶劣的地区更难获取资料。而卫星遥感技术则能提供长期的动态监测情报。国内外已利用遥感技术来进行旱情预报、融雪径流预报和暴雨洪水预报等。遥感技术还可以准确确定产流区及其变化，监测洪水动向，调查洪水泛滥范围及受涝面积和受灾程度等。

在区域水文研究方面，已广泛利用遥感图像绘制流域下垫面分类图，从而确定流域的各种形状参数、自然地理参数和洪水预报模型参数等。此外，通过对多种遥感图像的解译分析，还可进行区域水文分区、水资源开发利用规划、河流分类、水文气象站网的合理布设、代表流域的选择以及水文实验流域的外延等一系列区域水文方面的研究工作。

9. 在海洋研究中的应用

海洋覆盖着地球表面积的 71%，容纳了全球 97% 的水量，为人类提供了丰富的资源和广阔的活动空间。随着人口的增加和陆地非再生资源的大量消耗，开发利用海洋对人类生存与发展的意义日显重要。

因为海洋对人类非常重要，所以国内外多年来投入了大量的人力和物力，利用先进的科学技术以求全面而深入地认识和了解海洋，指导人们科学合理地开发海洋，改善环境质量，减少损失。常规的海洋观测手段时空尺度有局限性，因此不可能全面、深刻地认识海洋现象产生的原因，也不可能掌握洋盆尺度或全球大洋尺度的过程和变化规律。在过去的 20 年中，随着航天、海洋电子、计算机、遥感等科学技术的进步，产生了崭新的学科——卫星海洋学。它形成了从海洋状态波谱分极到海洋现象判读等一套完整的理论与方法。海洋卫星遥感与常规的海洋调查手段相比具有许多独特优点：第一，它不受地理位置、天气和人为条件的限制，可以覆盖地理位置偏远、环境条件恶劣的海区及由于政治原因不能直接进行常规调查的海区。卫星遥感是全天时的，其中微波遥感是全天候的。第二，卫星遥感能提供大面积的海面图像，每个像幅的覆盖面积达上千平方千米。对海洋资源普查、大面积测绘制图及污染监测都极为有利。第三，卫星遥感能周期性地监视大洋环流、海面温度场的变化、鱼群的迁移、污染物的运移等。第四，卫星遥感获取海洋信息量非常大。以美国发射的海洋卫星（Seasat-1）为例，虽然它在轨有效运行时间只有 105 天，但它所获得的全球海面风向风速资料相当于 20 世纪以前所有船舶观测资料的总和。星上的微波辐射计对全球大洋做了 100 多万次海面温度测量，相当于过去 50 年来常规方法测量的总和。第五，能进行同步观测风、流、污染、海气相互作用和能量收支平衡等。海洋现象必须在全球大洋同步观测，只有通过海洋卫星遥感才能做到。目前常用的海洋卫星遥感仪器主要有雷达散射计、雷达高度计、合成孔径雷达（SAR）、微波辐射计及可见光/红外辐射计、海洋水色扫描仪等。

此外，可见光／近红外波段中的多光谱扫描仪（MSS、TM）和海岸带水色扫描仪（CZCS）均为被动式传感器。它能测量海洋水色、悬浮泥沙、水质等，在海洋渔业、海洋环境污染调查与监测、海岸带开发及全球尺度海洋科学研究中均有较好的应用。

10. 在环境监测中的应用

目前，环境污染已成为许多国家的突出问题。利用遥感技术可以快速、大面积地监测水污染、大气污染和土地污染以及各种污染导致的破坏和影响。近些年来，我国利用航空遥感进行了多次环境监测的应用试验，对沈阳等多个城市的环境质量和污染程度进行了分析和评价，包括城市热岛、烟雾扩散、水源污染、绿色植物覆盖指数以及交通量等的监测，并且都取得了重要成果。国家海洋局组织的在渤海湾海面油溢航空遥感实验中，发现某国商船在大沽锚地违章排污事件以及其他违章排污船20艘，并及时做了处理，在国内外产生了较大影响。

随着遥感技术在环境保护领域中的广泛应用，一门新的科学——环境遥感诞生了。环境遥感是利用遥感技术揭示环境条件变化、环境污染性质及污染物扩散规律的一门科学。环境条件，如气温、湿度的改变和环境污染等，大都会引起地物波谱特征发生不同程度的变化，而地物波谱特征的差异正是遥感识别地物的最根本的依据。这就是环境遥感的基础。

从各种受污染植物、水体、土壤的光谱特性来看，受污染地物与正常地物的光谱反射特征差异都集中在可见光、红外波段，环境遥感主要通过摄影与扫描两种方式获得环境污染的遥感图像。摄影方式有黑白全色摄影、黑白红外摄影、天然彩色摄影和彩色红外摄影。其中，以彩色红外摄影应用最为广泛，影像上污染区边界清晰，还能鉴别农作物或其他植物受污染后的长势优劣。这是因为受污染地物与正常地物在红外部分光谱反射率存在较大的差异。扫描方式主要有多光谱扫描和红外扫描。多光谱扫描常用于观测水体污染；红外扫描能获得地物的热影像，用于大气和水体的热污染监测。

影响大气环境质量的主要因素是气溶胶含量和各种有害气体。对城市环境而言，PM2.5含量过高和城市热岛一样也是一种大气污染现象。

遥感技术可以有效地用于大气气溶胶监测、有害气体测定和城市热岛效应的监测与分析。

在江河湖海各种水体中，污染种类繁多。为了便于用遥感方法研究各种水污染，习惯上将其分为泥沙污染、石油污染、废水污染、热污染和富营养化等几种类型。对此，可以根据各种污染水体在遥感图像上的特征，对它们进行调查、分析和监测。

土地环境遥感包括两个方面的内容：一是指对生态环境受到破坏的监测，如沙漠化、盐碱化等；二是指对地面污染如垃圾堆放区、土壤受害等的监测。

遥感技术目前已在生态环境、土壤污染和垃圾堆与有害物质堆积区的监测中得到广泛应用。

11. 在洪水灾害监测与评估中的应用

洪水灾害是一种骤发性的自然灾害，其发生大多具有一定的突发性，持续时间短，发生的地域易于辨识。但是，人们对洪水灾害的预防和控制则是一个长期的过程。从洪灾发生的过程看，人类对洪灾的反应可划分为以下四个阶段：

（1）洪水控制与洪水综合管理

通过"拦、蓄、排"等工程与非工程措施，改变或控制洪水的性质和流路，使"水让人"；通过合理规划洪泛区土地利用，保证洪水流路的畅通，使"人让水"。这是一个长期的过程，同时也是区域防洪体系的基础。

（2）洪水监测、预报与预警

在洪水发生初期，通过地面的雨情及水情观测站网，了解洪水的实时状况；借助于区域洪水预报模型，预测区域洪水发展趋势，并即时、准确地发出预警消息。这个过程视区域洪水特征而定，持续时间有长有短，一般为 2~3 天，有时更短，如黄河三花间洪水汇流时间仅 8~10 h。

（3）洪水灾情监测与防洪抢险

随着洪水水位的不断上涨，区域受灾面积不断扩大，灾情越来越严重。这时，除了依靠常规观测站网外，还需利用航天、航空遥感技术实现洪水灾情的宏观监测。在得到预警信息后，要及时组织抗洪队伍，疏散灾区居民，转移重要物资，保护重点地区。

（4）洪灾综合评估与减灾决策分析

洪灾过后，必须及时对区域的受灾状况做出准确的估算，为救灾物资投放提供信息和方案，辅助地方政府部门制订重建家园、恢复生产规划。

这四个阶段是相互联系、相互制约又相互衔接的。若从时效和工作性质上看，这四个阶段的研究内容可归结为两个层次，即长期的区域综合治理与工程建设以及洪水灾害监测预报与评估。

遥感和地理信息系统相结合，可以直接应用于洪灾研究的各个阶段，实现洪水灾害的监测和灾情评估分析。

12. 在地震灾害监测中的应用

地震的孕育和发生与活动构造密切相关。许多资料表明，多组主干断裂或群裂的复合部位，横跨断陷盆地或断陷盆地间有横向构造穿越的部位以及垂直差异运动和水平错动强烈的部位（如在山区表现为构造地貌对照性强烈，在山麓带表现为凹陷向隆起转变的急剧，在平原表现为水系演变的活跃）等，成为多数破坏性强震发生的关键位置。

我国大陆受欧亚板块与印度板块的挤压，主应力为南北向压应力。同时，在地球自转（北半球）顺时针转动和大陆漂移、海底扩张、太平洋板块的俯冲作用的共同影响下，形成扭动剪切面，主要表现为我国大陆被分割成三个大的基本地块，即西域地块、西藏地块、华夏地块。各地块之间的接合部位多为深大断裂带、缝合线或强烈褶皱带。

这里是地壳薄弱地带，新构造运动及地震活动最为强烈。大量事实说明，任何破坏性强震都发生在特定的构造背景。对我国这样一个多震的国家，利用卫星图像进行地震地质研究，尽早地揭示出可能发生破坏性强震的地区及其构造背景，合理布置观测台站，有针对性地确定重点监视地区，是一项刻不容缓的任务。

地震前出现热异常早已被人们发现，它是用于地震预报监测的指标之一。但是，如何区分震前热异常一直是当代地震预报中的一个难题，在地面布设台站进行各项地震活动的地球化学和物理现象的观测有两大难点：一是很难布设这么大的范围；二是瞬时变化很难捕捉到。卫星遥感技术的测量速度快，覆盖面积大，卫星红外波段所测各界面（地面、水面及云层面）的温度值高以及其多时相观测特性，使得用卫星遥感技术观测震前温度异常可以克服地面台站观测的缺陷。

此外，遥感技术在现代战争中的应用也是不言而喻的。战前的侦察、敌方目标监测、军事地理信息系统的建立、战争中的实时指挥、武器的制导、数字化战场的仿真、战后的作业效果评估等都需要依靠高分辨率卫星影像和无人飞机侦察的图像。

可以肯定地讲，遥感的近代飞速发展，已经形成自身的科学和技术体系。

七、遥感对地观测的发展前景

进入 21 世纪，遥感科学技术会有什么样的发展呢？可以肯定地说，21 世纪将是全球争夺制天权的世纪，各类遥感卫星将与各类卫星导航定位系统、通信卫星、中继卫星等构成太空多姿多彩的群星争艳局面，从而实现对太阳系和整个宇宙空间的自动观测。就遥感对地观测而言，可以归纳出以下七大发展趋势：

1. 航空航天遥感传感器数据获取技术趋向三多和三高

三多是指多平台、多传感器、多角度，三高则指高空间分辨率、高光谱分辨率和高时相分辨率。从空中和太空观测地球获取影像是 20 世纪的重大成果之一。在短短几十年中，遥感数据获取手段取得飞速发展。遥感平台有地球同步轨道卫星（35 000km 高度）、太阳同步卫星（600~1 000km 高度）、太空飞船（200~300km 高度）、航天飞机（240~350km 高度）、探空火箭（200~1 000km 高度）、平流层飞艇（20~100km 高度）、高、中、低空飞机、升空气球、无人机等。传感器有框架式光学相机、缝隙、全景相机、光电扫描仪、CCD 线阵、面阵扫描仪、微波散射计雷达测高仪、激光扫描仪和合成孔径雷达等，它们几乎覆盖了可透过大气窗口的所有电磁波段。三行 CCD 阵列可同时得到三个角度的扫描成像，EOS Terra 卫星上的 MISR 可同时从九个角度对地观测成像。

短短几十年中，遥感数据获取手段飞速发展。卫星遥感的空间分辨率从 IKOMOS Ⅱ 的 1m 进一步提高到 Quick Bird 的 0.62m。高光谱分辨率已达到 5~6nm、500~600 个波段，在轨的美国 EO-1 高光谱遥感卫星具有 220 个波段，EOS AM-1（Terra）

和 EOS PM-1（Aqua）卫星上的 MODIS 具有 36 个波段的中等分辨率成像光谱仪。时间分辨率的提高主要依赖于小卫星星座以及传感器的大角度倾斜，可以以 1~3 天的周期获得感兴趣地区的遥感影像。由于具有全天候、全天时的特点，以及用 InSAR 和 D-InSAR，特别是双天线 In-SAR 进行高精度三维地形及其变化测定的可能性，SAR 雷达卫星为全世界各国普遍关注。

例如，美国国家航空航天局的长远计划是发射一系列短波 SAR，实现干涉重访间隔为 8 天、3 天和 1 天，空间分辨率分别为 20m、5m 和 2m。我国在机载和星载 SAR 传感器及其应用研究方面正在形成体系。

2. 航空航天遥感对地定位趋向于不依赖地面控制

确定影像目标的实地位置（三维坐标），解决影像目标在哪儿（Where），这是摄影测量与遥感的主要任务之一。在原先已成功用于生产的全自动化 GPS 空中三角测量的基础上，利用 DGPS 和 INS 惯性导航系统的组成，可形成航空航天影像传感器的位置与姿态自动测量和稳定装置（POS），从而可实现定点摄影成像和无地面控制的高精度对地直接定位。在航空摄影条件下，精度可达到分米级，在卫星遥感条件下，精度可达到米级。该技术的推广应用将改变目前摄影测量和遥感的作业流程，从而实现实时测图和实时数据库更新。若与高精度激光扫描仪集成，可实现实时三维测量（LiDAR），自动生成数字表面模型（DSM），并推算数字高程模型（DEM）。

美国 NASA 在 1994 年和 1997 年两次将航天激光测高仪（SLA）装在航天飞机上，企图建立基于 SLA 的全球控制点数据库。激光点大小为 100m，间隔为 750m，每秒 10 个脉冲。随后又提出了地学激光测高系统（GLAS）计划，已于 2002 年 12 月 19 日将该卫星 ICESat（Ice，Cloud and land Elevation Satellite）发射上天。该卫星装有激光测距系统、GPS 接收机和恒跟踪姿态测定。GLAS 发射近红外光（1 064 nm）和可见绿光（532 nm）的短脉冲（4 ns）。激光脉冲频率为 40 次 /s，激光点大小实地为 70m，间隔为 170m，其高程精度要明显高于 SRTM，可望达到米级。下一步的计划是使星载 LiDAR 的激光测高精度达到分米和厘米级。

法国 DORIS 系统利用设在全球的 54 个站点向卫星发射信号，通过测定多普勒频移，以精确解求卫星的空间坐标，具有极高的精度。测定距地球 1 300km 的 Topex/Poseidon 卫星高度，精度达到 +3cm。用来测定 SPOT4 卫星的轨道，三个坐标方向达到 ±5m 精度，对于 SPOT5 和 ENVISAT 可达到 ±1m 精度。若忽略 SPOT5 传感器的角元素，直接进行无地面控制的正射相片制作，精度可达到 ±15m，完全可以满足国家安全和西部开发的需求。

3. 摄影测量与遥感数据的计算机处理更趋自动化和智能化

从影像数据中自动提取地物目标，解决它的属性和语义（What）是摄影测量与遥感的另一大任务。在已取得影像匹配成果的基础上，影像目标的自动识别技术主要集中在影像融合技术，基于统计和基于结构的目标识别与分类。处理的对象既包括高分辨率影像，也更加注意高光谱影像。随着遥感数据量的增大，数据融合和信息融合技术日渐成熟。压缩倍率高、速度快的影像数据压缩方法也已商业化。我国的学者在这些方面都取得不少可喜的成果。

4. 利用多时相影像数据自动发现地表覆盖的变化趋向实时化

利用遥感影像自动进行变化监测关系到我国的经济建设和国防建设。过去人工方法投入大、周期长，随着各类空间数据库的建立和大量的影像数据源的出现，实时自动化检测已成为研究的一个热点。

自动变化检测研究包括利用新旧影像的对比、新影像与旧数字地图的对比来自动发现变化的更新数据库。目前的变化检测是先将新影像与旧影像（或数字地图）进行配准，然后再提取变化目标，这在精度、速度与自动化处理方面都有不足之处。我们提出把配准与变化检测同步整体处理，最理想的方法是将影像目标三维重建与变化检测一起进行，实现三维变化检测和自动更新。

5. 航空与航天遥感在构建"数字地球"和"数字中国"中正在发挥越来越大的作用

"数字地球"概念是在全球信息处理化浪潮推进下形成的。1999 年 12 月在北京成功地召开了第一届国际数字地球大会后，我国就积极推进"数字中国"和"数字省市"的建设，2001 年，原国家测绘局完成了构建"数字中国"地理空间基础框架的总体战略研究。在已完成 1:100 万和 1:25 万全国空间数据库的基础上，2001 年，全国各省市原测绘局开始 1:5 万空间数据库的建库工作。在这个数据量达 11 TB 的巨型数据库中，摄影测量与遥感将用来建设 DOM（数字正射影像）、DEM（数字高程模型）、DLG（数字线画图）和 CP（控制点影像数据库）。如果建立全国 1m 分辨率影像数据库，其数据量将达到 60TB。如果整个"数字地球"均达到 1m 分辨率，其数据量之大可想而知。21 世纪内可望建成这一分辨率的"数字地球"。

"数字文化遗产"是目前联合国和许多国家关心的一个问题，涉及近景成像、计算机视觉和虚拟现实技术。在近景成像和近景三维量测方面，有室内各种三维激光扫描与成像仪器，还可以直接由视频摄像机的系列图像获取目标场三维重建信息。它们所获取的数据经过计算机自动处理，可以在虚拟现实技术支持下构成文化遗迹的三维仿真，而且可以按照时间序列，将历史文化在时间隧道中再现，对文化遗产保护、复原与研究具有重要意义。

6. 全定量化遥感方法走向实用

从遥感科学的本质讲，通过对地球表层（包括岩石圈、水圈、大气圈和生物圈四大圈层）的遥感，其目的是获得有关地物目标的几何与物理特性，所以需要有全定量化遥感方法进行反演。几何方程是显式表示的数学方程，而物理方程一直是隐式的。目前的遥感解译与目标识别并没有通过物理方程反演，而是采用了基于灰度或加上一定知识的统计的、结构的、纹理的影像分析方法。但随着对成像机理、地物波谱反射特征、大气模型、气溶胶的研究深入和数据积累，多角度、多传感器、高光谱及雷达卫星遥感技术的成熟，相信在 21 世纪，顾及几何与物理方程式的全定量化遥感方法将逐步由理论研究走向实用化，遥感基础理论研究将迈上新的台阶。只有实现了遥感定量化，才可能真正实现自动化和实时化。

7. 遥感传感器网络与全球信息网络走向集成

随着遥感的定量化、自动化和实时化，未来的遥感传感器将集数据获取、数据处理与信息提取于一身，而成为智能传感器（Smart Sensor）。各类智能传感器相互集成将成为遥感传感器网络，且这个网络将与全球信息网格（GIC）相互集成与融合，在 GGG 大全格（Great Global Grid）的环境下，充分利用网格计算的资源，实时回答何时、何地、何种目标发生了何种变化（4W）。遥感将不再局限于提供原始数据，而是直接提供信息与服务。

第二节 GNSS 技术与测绘

一、概述

（一）定位与导航的概念

前面章节已经阐述了测绘的主要目的是对地球表面的地物、地貌目标进行准确定位（通常称为测量）和以一定的符号和图形方式将它们描述出来（通常称为地图绘制）。

因此，从测绘的意义上说，定位就是测量和表达某一地表特征、事件或目标发生在什么空间位置的理论和技术。当今，人类的活动已经从地球表面拓展到近地空间和太空，已进入了电子信息时代和太空探索时代。定位的目标小到原子、分子，中为地球上各种自然和人工物体、事件乃至地球本身，大至星球、星系。因此，从广义和现代意义上来说，定位就是测量和表达信息、事件或目标发生在什么时间、什么相关的空间位置的理论方法与技术。由于微观世界的测量涉及量子理论和技术，需要特殊方法和手段，因此我们这里所说的定位仍然是讨论中微观和宏观世界里有关信息、事件和目标的发生时间和空间位置的确定。至于导航，是指对运动目标，通常是指运载工具（如飞船、飞机、船舶、汽车、运载武器等）的实时动态定位，即三维位置、速度和包括航向偏转、纵向摇摆、横向摇摆三个角度的姿态确定。因此，定位是导航的基础，导航是目标或物体在动态环境下位置与姿态的确定。

（二）定位需求与技术的发展过程

人类社会的早期物质生产活动以牧猎为主，日出而作，日落而息。当时的人类活动不能离开森林和水草，或随水草的盛衰而漂泊迁移，可以说没有什么明确的定位需求。到了农业时代，人类在河流周围开发农田，并建村建市定居和交换产品，产生了丈量土地的需求，也产生了为种植作物而要知道四时八节、时间、气象、气候确定以及南北地域位置测量的需求；同时争夺土地的战争更推动了准确了解敌我双方村镇及交通位置、水陆山川地貌地物特征的需求。因此，相应的早期测绘定位定时的理论与技术应运而生。在中国，产生了像司南、计里鼓车、规、矩、日晷这样的古代定位定时仪器。到了工业时代，人类的全球性经济和科学活动，如航海、航空、洲际交通工程、通信工程、矿产资源的探测、水利资源的开发利用、地球的生态及环境变迁研究等，大大促进了对精确定位的需求，时间精度要求达到百万分之几秒，目标间相对位置精度要求达到几个厘米甚至零点几个毫米，定位的理论和技术进入了一个空前发展的时期，观测手段实现了从光学机械仪器到光电子精密机械仪器的发展，完成了国家级到洲际级的大型测绘。20世纪后半叶，出现了电子计算机技术、半导体技术、激光技术、集成电路技术、航天科学技术，人类开始进入电子信息时代和太空探索时代。与此同时，地球的资源与环境问题也越来越严重，人类对大规模自然灾害的发生机理的探索和治理的需求也越来越迫切，因此定位的需求从静态发展到了动态，从局部扩展到全球，从地球走向太空，同时也从陆地走向了海洋，从海洋表面走向了海洋深部。1957年10月，苏联发射了人类历史上的第一颗人造地球卫星。接下来，人们在跟踪无线电信号的过程中，发现了卫星无线电信号的多普勒频移现象，这预示着人类开始了对全新的太空测量位置方式的探索，由此提出了卫星定位和动态目标导航的初步概念。从此，人类进入了卫星定位和导航时代。

（三）绝对定位方式与相对定位方式

如前文所述，定位就是确定信息、事物、目标发生的时间和空间位置。因此，定位之前必须先确定时间参考点和位置参考点，也就是，要建立时间参考坐标系统和位置参考坐标系统。

在实际工作中，我们把直接确定信息、事件和目标相对于参考坐标系统的位置坐标称为绝对定位，而把确定信息、事件和目标相对于坐标系统内另一已知或相关的信息、事件和目标的位置关系称为相对定位。

（四）定位与导航的方法和技术

1.天文定位与导航技术

如前文所述，人类很早就认识到地球应该类似一个圆球，也知道通过观测太阳或恒星的方位变化和高度角变化测量时间和经纬度，这是早期天文测量定位方法。通过观测天体来测定航行体（海上的船、空中的飞机或其他飞行器）的位置，以引导航行体到达预定目的地，称为天文导航。天文导航始于航海，从古代远洋航行出现以来，天文导航一直是重要的船舶定位定向手段，即使在现在，天文导航也是太空飞行器导航的重要手段之一，特别是飞行体姿态确定的重要手段之一。

天文导航定位时，观测目标是宇宙中的星体。人们通过对星体运行规律的观测，编成了天文年历，即一年中任何瞬间各可见星体在天空中的方位和高度角。我们能够根据观测日期和时间，从天文年历中查出星体的位置，进而获得星体在天球上投影点的地理位置（天文经纬度）。天文定位与导航最基本的思路是建立与地球上观测者位置相对应的天球（简单地说，就是以观测者位置为中心假想地将地球膨胀成一个半径为无穷大的圆球面），天球上有星体和地球表面观测者对应的天顶点（观测者头顶在天球上的投影），这样，如果测定了星体与天顶点间的夹角（也叫天顶距），也就得到了星体在天球上的投影点与观测者在天球上的投影点之间的角距离。所以只要观测了星体的天顶距，就能通过计算获得星体天球投影点到观测者天球投影点之间的角距离。通过观测两个星体，得到两个星体投影点（天文经纬度已知）和两个角距离。分别以两个星体投影点为圆心，以各自到观测者天顶的角距离为半径画圆，两圆的交点就是观测者的位置。这就是天文定位的几何原理。

2. 常规大地测量定位技术

常规大地测量定位技术多半属于相对定位技术。由于采用以望远镜为观测手段的光学精密机械测量设备，如经纬仪、钢基线尺和激光测距仪等，只能进行静止目标的测量定位，其相对定位的精度一般可达 $10^5 \sim 10^6$。

3. 惯性导航定位技术

惯性导航系统（Inertial Navigation System，INS）是 20 世纪初发展起来的导航定位系统。它是一种不依赖于任何外部信息，也不向外部辐射能量的自主式导航定位系统，具有很好的隐蔽性。惯性导航定位不仅可用于空中、陆地的运动物体的定位与导航，还可以用于水下和地下空间的运动载体的定位与导航，这对军事应用来说有很重要的意义。惯性导航定位的基本原理是惯性导航设备里安装了两种基本的传感器：一种是称为陀螺的传感器，可以测量运动载体的三维角速度矢量；另一种是称为加速度计的传感器，可以测量运动载体在运动过程中的加速度矢量。通过推算加速度、速度与位置的关系，人们最终得到运动载体的相对位置、速度和姿态（航向偏转、横向摇摆、纵向摇摆）等导航参数。

惯性导航系统的主要优点如下：它不依赖任何外界系统的支持而能独立自主地进行导航，能连续地提供包括姿态参数在内的全部导航参数，具有良好的短期精度和短期稳定性。但惯性导航系统结构复杂，设备造价较高；导航定位误差会随时间的积累而增大，因此需要经常校准，有时校准时间也较长，不能满足远距离或长时间航行以及高精度导航的要求。

4. 无线电导航定位技术

利用无线电波来确定动态目标到位置坐标已知的导航定位中心台站之间的距离或时间差的定位与导航技术，称为无线电导航定位技术。其定位方法如果按定位系统是否需要用户接收机向系统发射信号来区分，可分为被动式定位方式和主动式定位方式两种。只接收定位系统发射的信号而无须用户发射信号就能自主进行定位的方式称为被动式定位，如船舶的无线电差分定位等；需要用户发射信号或同时需要发射和接收信号的定位方式称为主动式定位，如目标的雷达定位、全站仪定位等。

无线电导航信号发射台安设在地球表面的导航系统，称为地基无线电导航系统，若将无线电导航信号发射台安置在人造地球卫星上，就构成了卫星导航系统。地基无线电导航系统一般都属于相对定位技术。卫星导航系统是可同时进行绝对定位和相对定位的技术。地基远程无线电导航系统中，应用较广的有罗兰 C（Loran-C）、奥米伽（OMEGA）和塔康（Tactical Air Navigation，TACAN）等。

5. 卫星导航定位技术

前面提到的导航与定位技术都存在着不同程度的缺陷。比如说，天文导航技术很复杂，且仅在夜晚和天气良好的情况下使用，测量精度也有限；地面无线电导航与定位技术基于较少的无线电信标台站，不但精度和覆盖范围有限，而且易受无线电干扰。20 世纪 50 年代末，苏联发射了人类历史上的第一颗人造地球卫星，美国科学家在对其信号进行跟踪研究的过程中，发现了多普勒频移现象，并利用该原理促成了多普勒卫星导航定位系统 TRANSIT 的建成，在军事和民用方面取得了极大的成功，是导航定位史上的一次飞跃。

但由于多普勒卫星轨道高度低，信号载波频率低，轨道精度难以提高，且系统含卫星数较少，地面观测者不可能实现连续无间隔的卫星定位观测，一次定位所需的时间也长，不适于快速运动物体（如飞机）的定位与导航；定位精度尚不够高，有相当多的缺点。为此，20 世纪 70 年代初期，美国政府不惜投入巨大的人力、物力和财力，开展了对高精度全球卫星导航定位系统的研制工作。经过十余年的不懈努力，终于在80 年代中后期，逐步将第二代真正意义上的全球定位系统（GPS）投入运行。

卫星导航定位技术本质上是无线电定位技术的一种。它只不过是将信号发射台站从地面移到太空中的卫星上，用卫星作为发射信号源。卫星导航定位系统克服了地基无线电导航系统的局限，能为世界上任何地方（包括空中、陆上、海上，甚至外层空间）的用户全天候、连续地提供精确的三维位置、三维速度及时间信息。全球卫星导航定位系统的出现是导航定位技术的巨大革命，它完全实现了从局部测量定位到全球测量定位，从静态定位到实时高精度动态定位，从限于地表的二维定位到从地表到近地空间的全三维定位，从受天气影响的间歇性定位到全天候连续定位的变革。

（五）组合导航定位技术

组合导航技术的思想从我国古老的航海术中已经体现出来。北宋宣和元年（1119）就有了"舟师识地理、夜则观星、昼则观日、阴晦观指南"的记载。换言之，当时的航海家用地文航海术、天文航海术（白天观测太阳，夜晚观测星体），在阴天见不到太阳时用磁罗经进行定向导航。从有文字记载的历史中可以看出，我国是最早综合应用各种航海术的国家之一。而现代组合导航系统是 20 世纪 70 年代在航海、航空与航天等领域，随着现代高科技的发展应运而生的。随着电子计算机技术，特别是微机技术的迅猛发展和现代控制系统理论的进步，从 20 世纪 70 年代开始，组合导航技术迅猛地发展了起来。为了提高导航定位的精度和可靠性，出现了多种组合导航的方式，如惯性导航与多普勒组合导航系统、惯性导航与测向测距（VOR/DME）组合导航系统、惯性导航与罗兰（Loran）组合导航系统，以及惯性导航与全球定位系统（INS/GPS）组合导航系统。这些组合导航系统把各具特点的不同类型的导航系统匹配组合，扬长避短，并使用卡尔曼滤波技术等数据处理方法，使系统导航能力、精度、可靠性和自动化程度大为提高，成为目前导航技术发展的方向之一。

在上述组合导航系统中，以 INS/GPS 组合导航系统最为先进，应用最为广泛。由于 GPS 具有长期的高精度，而 INS 具有短时的高精度，并且 GPS 和 INS 两种运动传感器输出的定位数据速率不同，组合在一个运载体上，它们可对同一运动以不同互补的精度和定位观测速率间隔获取性质互补的定位观测量，因此，对它们进行组合可以得到高精度的实时定位数据，克服了 INS 无限制累积的位置误差和独立 GPS 的慢速率输出定位数据的缺陷。

（六）区域卫星导航定位技术

北斗 – 双星导航定位系统是我国自主研制的区域卫星导航定位系统。我国双星导航卫星的发射成功及系统的投入使用大大提高了我国独立自主的导航能力。该系统将定位、通信和定时等功能结合在一起，而且有瞬时快速定位的能力。该系统利用两颗地球同步卫星做信号中转站，用户的收发机接收一颗卫星转发到地面的测距信号，并向两侧卫星同时发射应答信号，地面中心站根据两颗卫星转发的同一个应答信号以及其他数据计算用户站的位置，因此，这是一种主动式无线电定位系统。用户收发机在允许的时间或规定的时间内，在接收到卫星的转发信号后，便可在显示器上显示出定位结果。用户机不必有导航计算装置，但有发射部分，故可同时作为简单的通信和数据传输之用。定位精度视双星的经度间隔而定。如地面有参考点时，其精度可达 10m 量级。但物体的高度需另用测高仪测量，在必要时提供三维数据。授时精度则可比 GPS 更高，标准时钟可以安装在中心站而将定时信号通过卫星传送给用户，比 GPS 装于卫星上的标准时钟更能保持稳定度和准确度。整个系统的定位处理集中在中心站进行，故中心站可随时掌握用户动态，对管理和商业应用十分有利。由于所用的是同步卫星，因此其覆盖范围是地区性的，但是其面积可以很大（例如中国和东南亚），而且可以发展成为全球性的（高纬度地区除外）。我国建立这一系统，对交通、运输、旅游、西部地区的开发、灾害监视和防治以及全国范围的时间同步都有重要的作用。我国的第二代卫星导航定位系统正在建设中。

二、全球卫星导航定位系统的工作原理和使用方法

1. 概述

全球卫星导航定位系统指的是，利用在空间飞行的卫星不断向地面广播发送某种频率，并加载了某些特殊定位信息的无线电信号来实现定位测量的定位系统。卫星导航定位系统一般包含三个部分：第一部分是空间运行的卫星星座。多个卫星组成的星座系统向地面发送某种时间信号、测距信号和卫星瞬时的坐标位置信号。第二部分是地面控制部分。它通过接收上述信号来精确地测定卫星的轨道坐标、时钟差异，监测其运转是否正常，并向卫星注入新的卫星轨道坐标，进行必要的卫星轨道纠正和调整控制等。第三部分是用户部分，它通过用户的卫星信号接收机接收卫星广播发送的多种信号并进行处理计算，确定用户的最终位置。用户接收机通常固连在地面某一确定目标上或固连在运载工具上，以实现定位和导航的目的。

目前，正在运行的全球卫星导航定位系统有美国的全球定位系统（GPS）和俄罗斯的全球卫星导航定位系统（GLONASS），正在发展研究的有欧盟的 GALILEO 系统和中国第二代卫星导航定位系统（BDS）。具有全球导航定位能力的卫星导航定位系统称为全球卫星导航定位系统，英文全称为 Global Navigation Satellite System，简称为 GNSS。

2. 全球定位系统（GPS）的概念

美国的全球定位系统（GPS）计划自 1973 年起步，1978 年首次发射卫星，1994年完成 24 颗中等高度圆轨道（MEO）卫星组网，历时 16 年，耗资 120 亿美元。为了让 GPS 系统能够发挥更大的效益，继续保持在市场上的领导优势，美国 1998 年提出了 GPS 系统现代化计划。

整个系统由空间部分、控制部分和用户部分组成。

3.GLONASS 全球卫星导航定位系统的概念

GLONASS 是苏联从 20 世纪 80 年代初开始建设的与美国 GPS 系统类似的卫星导航定位系统，1996 年年初正式投入运行，现在由俄罗斯空间局管理。GLONASS 的整体结构类似于 GPS 系统，也由卫星星座、地面监测控制站和用户设备三部分组成，这里不再赘述。其主要不同之处在于星座设计、信号载波频率和卫星识别方法的设计不同。

4. 伽利略（GALILEO）全球卫星导航定位系统的概念

CALILEO 系统是欧洲自主的、独立的全球多模式卫星导航定位系统，可提供高精度、高可靠性的定位服务，同时实现完全非军方控制和管理。

CALILEO 系统由 30 颗卫星组成，其中 27 颗工作星、3 颗备份星。卫星分布在 3 个中地球轨道（MEO）上，轨道高度为 23 616km，轨道运行周期为 14h7min，轨道倾角 56°。每个轨道上部署 9 颗工作星和 1 颗备份星，某颗工作星失效后，备份星将迅速进入工作位置替代其工作，而失效星将被转移到高于正常轨道 300km 的轨道上。

5.BDS 全球卫星导航定位系统的概念

北斗卫星导航系统（BeiDou Navigation Satellite System，BDS）简称北斗系统，是中国正在实施的自主发展、独立运行的全球卫星导航系统。BDS 系统的建设目标是：建成独立自主、开放兼容、技术先进、稳定可靠的覆盖全球的北斗卫星导航系统；系统由空间段、地面段和用户段三部分组成，空间段包括五颗静止轨道（GEO）卫星、27 颗中圆地球轨道（MEO）卫星和 3 颗倾斜地球同步轨道（IGSO）卫星，地面段包括主控站、注入站和监测站等若干个地面站，用户段包括北斗用户终端以及与其他卫星导航系统兼容的终端。BDS 采取渐进式建设方案，服务模式由主动式发展成被动式定位，覆盖区域由亚太地区逐渐拓展到全球。根据系统建设总体规划，BDS 建设分为三个阶段实施。

6.GNSS 卫星定位的主要误差来源

上述 GNSS 卫星定位绝对定位精度不高，主要是由于在已知数据和观测数据中都含有大量误差的缘故。一般来说，产生 GNSS 卫星定位的主要误差按其来源可以分为以下三类：

（1）与卫星相关的误差

1）轨道误差：目前实时广播星历的轨道三维综合误差可达 1~5m。

2）卫星钟差：简单地说，卫星钟差就是 GNSS 卫星钟的钟面时间同标准 GNSS 时间之差。对 GPS 而言，由广播星历的钟差方程计算出来的卫星钟误差一般可达 3~6ns，引起等效距离误差小于 2m。

3）卫星几何中心与相位中心偏差：可以事先确定或通过一定方法解算出来。

为了克服广播星历中卫星坐标和卫星钟差精度不高的缺点，人们运用精确的卫星测量技术和复杂的计算技术时，可以通过互联网提供事后或近实时的精密星历。精密星历中卫星轨道三维坐标精度可达 3~5cm，卫星钟差精度可达 1~2 ns。

（2）与接收机相关的误差

1）接收机安置误差：接收机相位中心与待测物体目标中心的偏差，一般可事先确定。

2）接收机钟差：接收机钟与标准的 GNSS 系统时间之差。对 GPS 而言，一般可达 10^5~10^6s。

3）接收机信道误差：信号经过处理信道时引起的延时和附加的噪声误差。

4）多路径误差：接收机周围环境产生信号的反射，构成同一信号的多个路径入射天线相位中心，可以用抑径板等方法削弱其影响。

5）观测量误差：对 GPS 而言，C/A 码（粗码）伪距偶然误差为 1~3m；P 码（精码）伪距偶然误差为 0.1~0.3m；载波相位观测值的等效距离误差为 1~2mm。

（3）与大气传输有关的误差

1）电离层误差：50~1 000km 的高空大气被太阳高能粒子轰击后电离，即产生大量自由电子，使 GNSS 无线电信号产生传播延迟，一般白天强、夜晚弱，可导致载波天顶方向最大 50m 左右的延迟量。误差与信号载波频率有关，故可用双频或多频率信号予以显著减弱。

2）对流层误差：无线电信号在含水汽和干燥空气的大气介质中传播而引起的信号传播延时，其影响随卫星高度角、时间季节和地理位置的变化而变化，与信号频率无关，不能用双频载波消除，但可用模型削弱。

7.GNSS 技术的最新进展

GPS 技术的最新进展代表了全球卫星导航定位系统（GNSS）的主要发展方向，目前主要表现在卫星系统、定位方法和接收机三个方面的迅速发展。

（1）GPS 现代化计划

现代化计划这一概念是 1998 年年初由当时的美国副总统戈尔提出来的。从 1999 年 9 月美国总统科技顾问在一次 GPS 国际讨论会上的一段讲话中可见其概貌。"GPS 在 21 世纪将继续是军民两用的系统，既要更好地满足军事需要，也要继续扩展民用市场和应用的需求。美国政府决心对 GPS 系统的核心部分进行现代化。它主要包括：增加 GPS 两个新的民用频率，提高 GPS 卫星集成度，增强 GPS 无线电信号强度，改进导航电文，改善导航与定位的精度、可靠性，强化 GPS 抗干涉能力。"从有关文献来看，GPS 现代化的实质基本上可以归纳为以下三个方面：

1）保护。采用一系列措施保护 GPS 系统不受敌方和黑客的干扰，增加 GPS 军用信号的抗干扰能力。

2）阻止。阻止敌方利用 GPS 的军用信号。

3）改善。改善 GPS 定位与导航的精度。

（2）精密单点定位技术

精密单点定位是在 20 世纪 70 年代美国子午卫星时代针对多普勒精密单点定位提出的概念。GPS 卫星定位系统开发后，由于 C/A 码或 P 码单点定位精度不高，80 年代中期就有人开始探索采用原始相位观测数据进行精密单点定位，即所谓非差相位单点定位。但是，由于在定位估计模型中需要同时估计每一历元的卫星钟差、接收机钟差、对流层延迟、所见卫星的相位模糊度参数和测站三维坐标，待估未知参数太多，方程解算不确定，即未知数多、方程式少，使得这一方法的研究在 80 年代后期暂时搁置了起来。20世纪90年代中期，国际上建立了许多固定的长年连续工作的GPS双频接收机测站，其地心坐标是已知的、特高精度的，这些测站被称为基准站。国际GPS地球动力学服务局（ICS）利用这些坐标已知的基准站GPS观测数据开始向全球提供精密星历和精密卫星钟差产品；然后，还提供精度等级不同的事后、快速和预报三类精密星历和相应的15min间隔的精密卫星钟差产品，这就为非差相位精密单点定位提供了新的解决思路。利用这种预报的GPS卫星的精密星历或事后的精密星历作为已知坐标计算数据；同时利用某种方式得到的精密卫星钟差来替代用户GPS定位观测值方程中的卫星钟差参数；用户利用单台GPS双频双码接收机的观测数据在数千万平方公里乃至全球范围内的任意位置，都可以2~4 dm级的精度进行实时动态定位，或以2~4cm级的精度进行较快速的静态定位，这一导航定位方法称为精密单点定位（Precise Point Positioning，简称为PPP）。精密单点定位技术是实现全球精密实时动态定位与导航的关键技术，从而也是GPS定位方面的前沿研究方向。

（3）网络RTK定位技术

RTK就是实时动态定位的意思，利用GPS载波相位观测值实现厘米级的实时动态定位就是所谓的GPSRTK技术。这种RTK技术是建立在流动站与基准站误差强烈的类似这一假设的基础上的，随着基准站和流动站间距离的增加，误差类似性越来越差，定位精度就越来越低，数据通信也受作用距离拉长而干扰因素增多的影响，因此这种RTK技术的作用距离有限（一般不超过10~15km）。人们为了拓展RTK技术的应用，网络RTK技术应运而生。网络RTK也叫基准站RTK，是近年来在常规RTK和差分GPS的基础上建立起来的一种新技术。网络RTK就是在一定区域内建立多个（一般为三个或三个以上）坐标为已知的GPS基准站，对该地区构成网状覆盖，并以这些基准站为基准，计算和发播相位观测值误差改正信息，对该地区内的卫星定位用户进行实时改正的定位方式，又称为多基准站RTK。与常规（单基准站)RTK相比，该方法的主要优点为覆盖面广，定位精度高，可靠性高，可实时提供厘米级定位。我国北京、上海、武汉、深圳等十几个城市和广东、江苏等几个省已建立的连续运行卫星定位服务系统就是采用网络RTK技术实现的。

网络RTK是由基准站、数据处理中心和数据通信链路组成的。基准站上应配备双频双码GPS接收机，该接收机最好能同时提供精确的双频伪距观测值。基准站的站坐标应精确已知，其坐标可采用长时间GPS静态相对定位等方法来确定。此外，这些站还应配备数据通信设备及气象仪器等。基准站应按规定的数据采样率进行连续观测，并通过数据通信链实时将观测资料传送给数据处理中心。数据处理中心根据流动站送来的近似坐标（可根据伪距法单点定位求得）判断出该站位于哪三个基准站所组成的三角形内。然后，根据这三个基准站的观测资料求出流动站处相位观测值的各种误差，并发给流动用户来进行修正，以获得精确的结果。基准站与数据处理中心间的数据通信可采用数字数据网（DDN）或无线通信等方法进行。流动站和数据处理中心间的双向数据通信则可通过全球移动通信系统（GSM）等方式进行。

（4）广域差分 GPS（WADGPS）系统

广域差分 GPS 技术的基本思想是：对 GPS 观测量的误差源加以区分，并对每一个误差源产生的误差分别加以"模型化"，然后将计算出来的每一个误差源的误差修正值通过数据通信链传输给用户，进而对用户 GPS 接收机的观测值误差分别加以改正，以达到削弱这些误差源误差的影响，从而改善用户 GPS 定位精度和可靠性的目的。

WADGPS 所针对的误差源主要表现在以下三个方面：1）卫星星历误差；2）卫星钟差；3）电离层对 GPS 信号传播产生的时间延迟。

WADGPS 系统就是为削弱这三种主要误差源而设计的一种导航定位方法。

WADGPS 系统一般由一个主控站、若干个 GPS 卫星跟踪站（又称基准站或参考站）、一个差分信号播发站、若干个监控站、相应的数据通信网络和若干个用户站组成。系统的工作流程如下：

1）在已知精确地心坐标的若干个 GPS 卫星跟踪站上，跟踪接收 GPS 卫星的广播星历、伪距、载波相位等信息；

2）跟踪站获得的这些信息，通过数据通信网络全部传输至主控站；

3）在主控站计算出相对于卫星广播星历的卫星轨道误差改正、卫星钟差改正及电离层时间延迟改正；

4）将这些改正值通过差分信号播发站（数据通信网络）传输至用户站；

5）用户站利用这些改正值来改正他们所接收到的 GPS 信息，进行 C/A 码伪距单点定位，以改善用户站 GPS 导航定位精度。

为提高系统的可用性和可靠性，可以利用地球同步卫星来增强广域差分系统，即地球同步卫星在发播广域差分三类改正数的同时，还能发播新增的 C/A 码伪距信号，以增加天空中 GPS 卫星测距信号源，称为 WAAS（Wide Area Augment System）。我国近年来不断加强对卫星技术与应用方面的科学研究，并取得了重大进展，可以充分利用现有的同步通信卫星播发类似 GPS 测距信号达到增强 WADGPS 的目的。

（5）PPP-RTK 技术

传统 PPP 技术对基准站网的选取密度没有很高的要求，但由于载波相位观测值中存在的接收机和卫星硬件延迟，需要较长的定位初始化收敛时间（20min），同时由于周跳、数据中断、失效等原因（在城市区域尤为严重）需要重新初始化，因此无法满足网络 RTK 用户的实时性要求。网络 RTK 技术则是根据用户站与参考站间误差的相关性，实现网内用户实时快速精确定位，因此需要稠密的基准站网，一般仅适用于区域网建模。PPP-RTK 技术综合上述两种技术的优点，是对现有 PPP 和网络 RTK 技术的融合和统一。PPP-RTK 技术利用全球分布的少量基准站，计算卫星实时轨道、钟差、精密相位偏差、电离层改正等产品，全球用户接收上述产品实现初始化时间少于20min，定位精度单频用户优于 50cm、双频用户优于 10cm 的服务。区域基准站接收卫星实时轨道、钟差、精密相位偏差，计算区域精密大气改正信息并播发给区域用户，以实现初始化时间单频用户优于 10min、双频用户优于 2min、定位精度优于 3cm 的服务。

三、全球卫星导航定位系统（GNSS）的应用

（一）概述

全球卫星导航定位系统（GNSS）能够以不同的定位定时精度提供服务，从亚毫米、毫米到厘米、分米、亚米及米和十几米的定位精度都有可供选择的定位方法。在定时方面，可从亚纳秒、纳秒到微秒级的精度实现时间测量和不同目标间的时间同步。在定位的时间响应方面，可以从 0.05s、1s 到十几秒、几分钟、几个小时或几天来实现不同的实时性要求和精确性要求。从相对定位距离方面看，可从几米一直到几千千米之间，实现连续的静态和动态定位要求。从工作环境上看，除了怕被森林、高楼遮挡信号造成可见卫星少于四颗和强电离层爆发造成 GNSS 测距信号完全失真外，可以说是全球、全连续和全天候的。这些优良的特性使它有广泛的应用领域。由于当前较实用的全球卫星导航定位系统只有 GPS 系统，因此以下的应用案例中主要采用 GPS 系统来加以说明。

（二）在科学研究中的应用

1.GPS 精密定时和时间同步的应用

时间同人们的日常生活密切相关，只不过日常生活中的时间一般只要精确到 1 s 或 1ms 就够了。但在许多科学研究和工程技术活动中，对时间的要求非常严格。例如，要在地球上彼此相距甚远的实验室上利用各种精密仪器设备对太空的天体、运动目标，如脉冲星、行星际飞行探测器等，进行同步观测，以确定它们的太空位置、物理现象和状态的某些变化，这就要求国际上各相关实验室的原子钟之间进行精密的时间传递。当前精密的 GPS 时间同步技术可以实现 10-10~10-11 的同步精度，这一精度可以满足上述要求。此外，GPS 精密测时技术与其他空间定位和时间传递技术相结合，可以测定地球自转参数，包括自转轴的漂移、自转角速度的长期和季节不均匀性，而地球自转的不均匀变化将引起海洋水体流动和大气环流的变化，这也正是地球上许多气象灾害，如厄尔尼诺现象等的诱因。又如，按照广义相对论的理论，引力场将引起时空弯曲，因此 GPS 精密测时技术可以测量引力对某些实用时间尺度的影响。

2.GPS 精密定位在地球板块运动研究中的应用

根据现代地球板块运动理论，地球表层的岩石圈浮在液态的地幔上。由于地幔对流的作用，岩石圈分成 14 个大的板块做相互挤压、碰撞或者分离的运动。GPS 在几十千米到数千千米的范围内能以毫米级和亚厘米级的精度水平测量大陆板块的位移。目前，全球 GPS 地球动力学服务机构通过国际合作在全球各大海洋和陆地板块上布设了 200 多个 GPS 观测基准站，连续对这些观测站进行精密定位，测定各大板块的相互运动速率，以确定全球板块运动模型，并用来研究板块运动的现今短时间周期的运动规律，与地球物理和地质研究的长时期运动规律进行比较分析，研究地球板块边沿的受力和形变状态，预测地震灾害。

3.GPS 精密定位在大气层气象参数确定和灾害天气预报中的应用

GPS 技术经过 20 多年的发展，其应用研究及应用领域得到了极大的扩展，其中一个重要的应用领域就是气象学研究。利用 GPS 理论和技术来遥感地球大气状态，进行气象学的理论和方法研究，如测定大气温度及水汽含量、监测气候变化等，称为 GPS 气象学（GPS Meteorology，简写为 GPS/MET）。GPS 气象学的研究于 20 世纪 80 年代后期最先在美国起步，在美国取得理想的试验结果之后，其他国家（如日本等）也逐步开始 GPS 在气象学中的研究。

当 GPS 发出的信号穿过大气层中的对流层时，受到对流层的折射影响，GPS 信号要发生弯曲和延迟，其中信号的弯曲量很小，而延迟量很大，通常在 2~3m。在 GPS 精密定位测量中，大气折射的影响被当作误差源而要尽可能消除干净。在 GPS/MET 中，与之相反，所要求得的量就是大气折射量。假如在一些已经知道精确位置的测站上用 GPS 接收机接收 GPS 信号，当卫星精密轨道也已知的情况下，就可以精确分离 GPS 信号中的电离层延迟参数和对流层延迟参数，测定出对流层中的水汽含量。

大气温度、大气压、大气密度和水汽含量等量值是描述大气状态最重要的参数。无线电探测、卫星红外线探测和微波探测等手段是获取气温、气压和湿度的传统手段。但是，与 GPS 手段相比，上述手段就显示出传统手段的局限性。无线电探测法的观测值精度较好，垂直分辨率高，但地区覆盖不均匀，在海洋上几乎没有数据。被动式的卫星遥感技术可以获得较好的全球覆盖率和较高的水平分辨率，但垂直分辨率和时间分辨率很低。利用 GPS 手段来遥感大气的优点是全球覆盖、费用低廉、精度高、垂直分辨率高。正是这些优点使 GPS/MET 技术成为大气遥感最有效、最有希望的方法之一。测出水汽含量的变化规律后，可以预知水汽含量超过一定阈值后就会变成降水落到地面，即预报降雨时间和降雨量。此外，利用 GPS 观测值还能测定电离层延迟参数，并反演高空大气层中的电子含量，监测和预报空间环境及其变化规律，为人类航天活动、通信、导航、定位、输电等服务。

（三）在工程技术中的应用

1. 全球和我国大地控制网的建设

前面已经讲过，大地测量的重要任务之一就是建立和维持一个地面参考基准，为各种不同的测绘工作提供坐标参考基准。简单地讲，要定量地描述地球表面物体的位置，就必须建立坐标系。过去的坐标系是由二维的水平坐标系和垂直坐标系组合而成，是非地心的、区域性的、静态的参考系统。同时，由于测量技术和数据处理手段的制约，这种坐标系难以满足现代高精度长距离定位、精密测绘、地震监测预报和地球动力学研究等方面的需要。GPS 技术的出现使建立和维持一个基于地心的长期稳定的、具有较高密度的、动态的全球性或区域性坐标参考框架成为可能。我国已建立了国家高精度 GPSA 级网、B 级网、军事部门布测的全国高精度 GPS 网、中国地壳形变监测网、区域性的地壳形变监测网和高精度 GPS 测量控制网等。

2. 在工程施工测量、精密监测中的应用

GPS 的应用是测量技术的一项革命性变革。它具有精度高、观测时间短、测站间不需要通视和全天候作业等优点。它使三维坐标测定变得简单。GPS 已广泛应用到工程测量的各个领域，从一般的控制测量（如城市控制网、测图控制网）到精密工程测量，它都显示了极大的优势。GPS 测量定位技术还用于桥梁工程、隧道与管道工程、海峡贯通与连接工程、精密设备安装工程等。

此外，GPS 测量技术具有高精度的三维定位能力，它是监测各种工程变形极为有效的手段。工程变形的种类很多，主要有大坝的变形、陆地建筑物的变形和沉陷、海上建筑物的沉陷、资源开采区的地面沉降等。GPS 精密定位技术与经典测量方法相比，不仅可以满足多种工程变形监测工作的精度要求，更有助于实现监测工作的自动化。例如，为了监测大坝的变形，可在远离坝体的适当位置选择若干基准站，并在形变区选择若干监测点。在基准站与监测点上，分别安置 GPS 接收机进行连续自动观测，并采用适当的数据传输技术实时地将监测数据自动地传送到数据处理中心，进行处理、分析和显示。

3. 在通信工程、电力工程中的应用（时间）

在我们的日常生活中，电网调度自动化要求主站端与远方终端（RTU）的时间同步。当前大多数系统仍采用硬件通过信道对时，主站发校时命令给远方终端对时硬件来完成对时功能。若采用软件对时，则具有不确定性，不能满足开关动作时间分辨率小于10ms 的要求。用硬件对时，分辨率可小于 10ms，但对时硬件复杂，并且对时期间（每10min 要对一次）完全占用通道。当发生 YX 变位时，主站主机 CPU 还要做变位时间计算，占用中央处理器（CPU）的开销。利用 GPS 的定时信号可克服上述缺点。GPS接收机的时间码输出接口为 RS232 及并行口，用户可任选串行或并行方式，还有一个

秒脉冲输出接口，输出接口可根据需要选用。

GPS 高精度的定时功能可在交流电网的协同供电中发挥作用，使不同电网中保持几乎协同的功角，节约电力资源。大型电力系统中功角稳定性、电压稳定性、频率动态变化及其稳定性都不是一个孤立的现象，而是相互诱发、相互关联的统一物理现象的不同侧面，其间的关联又会受到网络结构及运行状态的影响。其中，母线电压相量和功角状况是系统运行的主要状态变量，是系统能否稳定运行的标志，必须进行精确监测。由于电力系统地域广阔、设备众多，其运行变量变化也十分迅速，获取系统关键点的运行状态信息必须依赖于统一的、高精度的时间基准，这在过去是完全不可能的。GPS 的出现和计算机、通信技术的迅速发展，为实现全电网运行状态的实时监测奠定了坚实的基础。

4. 在交通、监控、智能交通中的应用

随着社会的发展进步，实现对道路交通运输（车队管理、路边援助与维修等）、水运（港口、雾天海上救援等）、铁路运输（列车管理）等车辆的动态跟踪和监控非常重要。将 GPS 接收机安装在车上，能实时获得被监控车辆的动态地理位置及状态等信息，并通过无线通信网将这些信息传送到监控中心，监控中心的显示屏上可实时显示出目标的准确位置、速度、运动方向、车辆状态等用户感兴趣的参数，并能进行监控和查询，方便调度管理，提高运营效率，确保车辆的安全，从而达到监控的目的。移动目标如果发生意外，如遭劫、车坏、迷路等，可以向信息中心发出求救信息。处理中心因为知道移动目标的精确位置，可以迅速给予救助。特别适合公安、银行、公交、保安、部队、机场等单位对所属车辆的监控和调度管理，也可以应用于对船舶、火车等的监控。对出租车公司而言，GPS 可用于出租汽车的定位，根据用户的需求调度距离最近的车辆去接送乘客。越来越多的私人车辆上也装有卫星导航设备，驾车者可根据当时的交通状况选择最佳行车路线，获悉到达目的地所需的时间，在发生交通事故或出现故障时系统自动向应急服务机构发送车辆位置的信息，因而可获得紧急救援。目前，道路交通运输是定位应用最多的用户。

5. 在测绘中的应用

全球卫星导航定位系统的出现给整个测绘科学技术的发展带来了深刻的变革。GPS 已广泛应用于测绘的方方面面。主要表现在以下方面：建立不同等级的测量控制网；获取地球表面的三维数字信息并用于生产各种地图；为航空摄影测量提供位置和姿态数据；测绘水下（海底、湖底、江河底）地形图等。此外，它还广泛有效地应用于城市规划测量、厂矿工程测量、交通规划与施工测量、石油地质勘探测量以及地质灾害监测等领域，产生了良好的社会效益和经济效益。

6.海陆空运动载体（车、船、飞机）导航

海陆空运动载体（船、车、飞机）导航是卫星导航定位系统应用最广的领域。利用 GPS 对大海上的船只进行连续、高精度实时定位与导航，有助于船舶沿航线精确航行，节省时间和燃料，避免船只碰撞。出租车、租车服务、物流配送等行业利用 GPS 技术对车辆进行跟踪、调度管理，合理分布车辆，以最快的速度响应用户的乘车请求，降低能源消耗，节省运行成本。GPS 在车辆导航方面发挥了重要的作用，在城市中建立数字化交通电台，实时发播城市交通信息，车载设备通过 GPS 进行精确定位，结合电子地图以及实时的交通状况，自动匹配最优路径，并实行车辆的自主导航。根据 GPS 的精度和动态适应能力，它将可直接用于飞机的航路导航，也是目前中、远航线上最好的导航系统。基于 GPS 或差分 GPS 的组合系统将会取代或部分取代现有的仪表着陆系统（ILS）和微波着陆系统（MLS），并使飞机的进场、着陆变得更为灵活，机载和地面设备更为简单、廉价。

（四）在军事技术中的应用

当今世界正面临着一场新的军事革命，电子战、信息战及远程作战成为新军事理论的主要内容。导航卫星系统作为一个功能强大的三维位置、速度及姿态传感器，已经成为太空战、远程作战、导弹战、电子战、信息战的重要武器，并且敌我双方对武器控制导航作战权的斗争将发展成为导航战。谁拥有先进的导航卫星系统，谁就在很大程度上掌握了未来战场的主动权。卫星导航可完成各种需要的精确定位与时间信息的战术操作，如布雷、扫雷、目标截获、全天候空投、近空支援、协调轰炸、搜索与救援、无人驾驶机的控制与回收、火炮观察员的定位、炮兵快速布阵以及军用地图快速测绘等。卫星导航可用于靶场高动态武器的跟踪和精确单道测量以及时间统一勤务的建立与保持。

1.低空遥感卫星定轨

对用于遥感、气象和海洋测高等领域的低轨道卫星（卫星高度 300~1 000km）而言，由于大气阻力、太阳辐射压、摄动等参数无法准确模型化，因此难以用动力法精密确定卫星轨道。对这些卫星用通常的地面跟踪技术（如激光、雷达、多普勒等）进行动力法定轨，其误差将随着卫星高度的降低而明显增大，可达几十米甚至超过百米，这样的定轨精度已不能满足许多高精度应用对卫星轨道的需要。

2.飞机、火箭的实时位置、轨迹确定

在军事上，GPS 可为各种军事运载体导航。例如，为弹道导弹、巡航导弹、空地导弹、制导炸弹等各种精确打击武器制导，可使武器的命中率大为提高，武器威力显著增强。武器毁伤力大约与武器命中精度（指命中误差的倒数）的二分之三次方成正比，与弹头 TNT 当量的二分之一次方成正比。因此，命中精度提高两倍，相当于弹头 TNT 当量提高八倍。提高远程打击武器的制导精度，可使攻击武器的数量大量减少。卫星导航已成为武装力量的支撑系统和武装力量的倍增器。各种海陆空作战平台、导弹、巡航导弹均开始装备 GPS 或 GPS/INS 组合导航系统，这将使武器命中精度大大提高，极大地改变未来的作战方式。如今，GPS 已经应用于特种部队的空降、集结、侦察和撤离过程；应用于对所有海陆空军参战飞机进行空战指挥，实施空中管制，夜航盲驶、救援引导、精确攻击中；也应用于对地面部队引导、穿越障碍和雷区、战场补给、地面车辆导航、海空火力协同、火炮瞄准、导弹制导等方面。GPS 在海湾战争、美国对伊拉克实施"沙漠之狐"行动和以美国为首的北约对南联盟的战争中都发挥了重要的作用。

3. 战场的精密武器时间同步协调指挥

GPS 定时系统在军事上有很大的应用潜力。在现代化战争的自动化指挥系统中，几乎所有的战略武器和空间防御系统、战场指挥和通信系统、测绘、侦察和电子情报系统都需要 GPS 所提供的统一化的"时空位置信息"。在导弹试验靶场，高精度的时间信号是解决靶场测试时间同步、提高测量精度的基础。

GPS 系统所提供的精确位置、速度和时间信息对现代战争的成败至关重要。它在战前的部队调动与布置中，在战中的指挥控制、机动与精确作战中，在全空间防卫以及在综合后勤支持中都发挥着重要作用。如果将各作战单位的 GPS 位置信息通过无线电通信不断地传输到作战指挥中心，再加上通过侦察手段所获取的敌方目标的位置信息，然后统一在大屏幕显示器上显示，就可以使战区指挥员能随时掌握整个战场上敌我双方的动态态势，从而为其作战指挥提供了一项准确而重要的依据。可以说，兵家几千年以来的"运筹帷幄之中，决胜千里之外"的梦想正在成为现实。

（五）在其他领域的应用

1. 在娱乐消遣、体育运动中的应用

随着 GPS 接收机的小型化及价格的降低，GPS 逐渐走进了人们的日常生活，成为人们旅游、探险的好帮手。当今手机功能花样继续翻新，又一新趋势是将全球定位系统（GPS）纳入其中。一部可以指引方向的手机对那些喜爱野外旅行和必须在人迹罕至的区域工作、生活的人非常重要。无论攀山越岭、滑雪，还是打猎野营，只要有一部导航手机在手，就可及时给出你的所在地，并显示出附近地势、地形、街道索引的道路蓝图。GPS 手机的另一卖点莫过于求救信息有迹可循。因为 GPS 手机收讯人除了可以听到对方"救命"之声外，更可同时确切地显示出待救者所在的位置，从而为那些爱征服恶劣环境的人提供了一种崭新的安全设备。另外，通过 GPS，人们可以在陌生的城市里迅速找到目的地，并且可以以最优的路径行驶；野营者带上 GPS 接收机，可快捷地找到合适的野营地点，不必担心迷路；GPS 手表也已经面世，甚至一些高档的电子游戏也使用了 GPS 仿真技术。

GPS 不仅可以实时确定运动目标的空间位置，还可以实时确定运动目标的运动速度。运动员在平时训练时，佩戴微型的 GPS 定位设备，教练就能实时获取运动员的状态信息，基于这些信息，教练可以分析运动员的体能、状态等参数，并调整相关的训练计划和方法等，有利于提高运动员的训练水平。

2.动物跟踪

如今，GPS 硬件越来越小，可做到一颗纽扣大小，将这些迷你型的 GPS 装置安置到动物身上，可实现对动物的动态跟踪，研究动物的生活规律，如鸟类迁徙等，为生物学家研究各种生物的相关信息提供了一种有效的手段。

3.GPS 用于精细农业

当前，有些发达国家已开始将 GPS 技术引入农业生产，即所谓的精准农业耕作。该方法利用 GPS 进行农田信息定位获取，包括产量监测、土样采集等。计算机系统通过对数据的分析处理，依据农业信息采集系统和专家系统提供的农机作业路线及变更作业方式的空间位置使农机自动完成耕地、播种、施肥、中耕、灭虫、灌溉、收割等工作，包括对耕地深度、施肥量、灌溉量的控制等。通过实施精准耕作，可在尽量不减产的情况下降低农业生产成本，有效避免资源浪费，降低因施肥除虫等对环境造成的污染。

总之，全球卫星导航定位技术已发展成多领域（陆地、海洋、航空航天）、多模式（静态、动态、RTK、广域差分等）、多用途（在途导航、精密定位、精确定时、卫星定轨、灾害监测、资源调查、工程建设、市政规划、海洋开发、交通管制等）、多机型（测地型、定时型、手持型、集成型、车载式、船载式、机载式、星载式、弹载式等）的高新技术国际性产业。全球卫星导航定位技术的应用领域上至航空航天，下至捕鱼、导游和农业生产，已经无所不在，正如人们所说的"GPS 的应用，仅受人类想象力的制约"。

第三节 GIS 技术与测绘

为了帮助理解地理信息系统（Geographical Information System，GIS）的用途，我们首先以城市规划与建设为例，介绍 GIS 在城市规划和管理中的地位与作用。我国在进行大规模的城市建设时，要对城市建设做出合理的规划，需要在城市规划部门建立城市规划管理信息系统。城市规划管理信息系统必须基于 GIS 平台，处理与管理来自测绘遥感等技术手段获取的城市用地现状数据，在此基础上，根据城市建设发展需要，在 GIS 平台的信息系统中直接规划城市的发展蓝图，如制订城市的总体规划、小区规划等。

城市规划管理信息系统的另一个作用是对城市规划的目标信息进行管理。某一建设单位提出申请建设项目，首先要到城市规划管理部门进行报批，城市规划管理部门要对其进行审批，包括是否符合总体规划，设计的建筑结构、风格、建筑密度等指标是否合理，批准后在规划管理部门建立建设项目的档案，并对项目的建设过程进行全程跟踪，看是否有违规行为。这些工作都需要建立城市规划管理信息系统，必须有GIS技术的支持。地理信息系统的用途非常广泛，凡是与地理空间位置相关的领域，如交通、水利、农业、林业、国土、资源、环境、电力、电信、测绘、军事等部门都需要应用地理信息系统。

一、地理信息系统的概念

（一）地理现象及其抽象表达

地球是我们人类赖以生存的共同家园，地球表层是人类和各种生物的主要活动空间。

地球表层表现出来的各种各样的地理现象代表了现实世界，地球表面包含海洋、陆地、山峰、江河、城市、乡村等各种地理现象。将各种地理现象进行抽象和信息编码，就形成了各种地理信息，亦称空间信息或地理空间信息。由于地理现象千姿百态，也就导致地理信息变得复杂多样。总体上，地理信息可以归结为两大方面：自然环境信息和社会经济信息，二者都与地理空间位置相关。

人们首先对地理现象进行观察，如野外观察这种地理现象可能是现实世界的直接表象，也可能通过航空摄影和遥感影像记录的"虚拟现实世界"进行观察。然后，人们对它进行分析、归类、抽象与综合取舍。从航空影像上讲，我们可以通过判读抽象出机场、道路、建筑物等空间对象。通过调查，我们还可以知道机场为天河机场、道路为机场路、大楼为阳光大厦等表示空间对象属性特征的描述信息（称属性数据），从而形成既有表示空间几何特性的几何坐标等信息，又有表示非空间特性的属性信息的完整描述的空间对象。

对同一地区的地理现象，人们对事物的兴趣点不同，观察视点和尺度不同，这些不同导致分析和取舍的结果也不尽相同。例如，一栋建筑物，在小比例尺的GIS中可能被忽略，与整个城市一起作为一个点对象，而在大比例尺的GIS中则作为一个建筑物描述，在计算机中表现为一个面对象。在分析、归类和抽象过程中为了便于计算机表达，人们总是把它分成几种几何类型，如点、线、面、体空间对象，再根据它的属性特征赋以它的分类编码。最后，再根据一定的数据模型进行组织和存储。人们通常分四种几何类型的空间对象来抽象观察和描述地理现象。

1.呈点状分布的地理现象

此分布现象，如水井、乡村居民地、交通枢纽、车站、厂、学校、医院、机关、火山口、山峰、隘口、基地等，这种点状地物和地形特征部位，其实不能说它们全部都是分布在一个点位上，其中可区分出单个点位、集中连片和分散状态等不同状况。

我们如果从较大的空间规模上来观测这些地物，就能把它们都归结为呈点状分布的地理现象。为此，我们就能用一个点位的坐标（平面坐标或地理坐标）来表示其空间位置。而它们的属性可以有多个描述不受限制。需要说明的是，如果我们从较小的空间尺度上来观察这些地理现象，或者说观察它们在实地上的真实状态，它们中的大多数对象将可以用线状或面状特征来描述。例如，作为一个点在小比例尺图上描述的一个城市在大比例尺地图上则需要用面来表示，甚至一张地图表示城市道路和各种建筑物，此时，它们的空间位置数据将包括许多线状地物和面状地物。

2. 呈线状分布的地理现象

此分布现象（如河流、海岸、铁路、公路、地下管网、行政边界等）也有单线、双线和网状之分。在实际地面上，水面、路面都可能是狭长的线状目标或区域的面状目标，因此，命名是线状分布的地理现象，它们的空间位置数据可以是一线状坐标串，也可以是一封闭坐标串。

3. 呈面状分布的地理现象

此分布现象（如土壤、耕地、森林、草原、沙漠等）具有大范围连续分布的特征。有些面状分布现象有确切的边界，如建筑物、水塘等，有些现象的分布范围从宏观上观察好像具有一条确切的边界，但是在实地上并没有明显的边界，如土壤类型的边界，只能由专家研究提供的结果来确定。显然，描述面状特征的空间数据一定是封闭坐标串，通常面状地物亦称为多边形。

4. 呈体状分布的地理现象

有许多地理现象从三维观测的角度，可以归结为体，如云体、水体、矿体、地铁站、高层建筑等。它们除了平面大小以外，还有厚度或高度，目前由于对于三维的地理空间目标研究不够，同时又缺少实用的商品化系统进行处理和管理，因此人们通常将一些三维现象处理成二维对象进行研究。

地理信息系统除了表示地表面的目标以外，还有地下和地表上空的目标也需要处理和表达，其空间对象包括点、线、面、体等多种目标。非常复杂的空间目标分布，需要进行精心的抽象，才能使它们在计算机中得到有效表达和管理。

（二）地理信息系统的含义

地理信息系统是一种以采集、存储、管理、分析和描述整个或部分地球表面（包括大气层在内）与空间和地理分布有关的数据的信息系统。它主要涉及测绘学、地理学、遥感科学与技术、计算机科学与技术等。特别是计算机制图、数据库管理、摄影测量与遥感和计量地理学形成了 GIS 的理论和技术基础。计算机制图偏重于图形处理与地图输出；数据库管理系统主要实现对图形和属性数据的存储、管理和查询检索；摄影测量与遥感技术是对遥感图像进行处理和分析以提取专题信息的技术；计量地理学主要利用 GIS 进行地理建模和地理分析。

（三）地理空间对象的计算机表达

地理信息系统的核心技术是如何利用计算机表达和管理地理空间对象及其特征。空间对象特征包含空间特征和属性特征，空间特征又分为空间位置和拓扑关系。空间位置通常用坐标表示，拓扑关系是指空间对象相互之间的关联及邻近等关系。空间拓扑关系在 GIS 中具有重要意义。空间对象的计算机表达即用数据结构和数据模型表达空间对象的空间位置、拓扑关系和属性信息。空间对象的计算机表达有两种主要形式：一种是基于矢量的表达，另一种是基于栅格的表达。

矢量形式最适合空间对象的计算机表达。在现实世界中，抽象的线通常用坐标串表示，坐标串即一种矢量形式。在地理信息系统中，每个点、线、面空间对象直接跟随它的空间坐标以及属性，每个对象作为一条记录存储在空间数据库中。空间拓扑关系可能另用表格记录。

栅格数据结构是利用规则格网划分地理空间，形成地理覆盖层。每个空间对象根据地理位置映射到相应的地理格网中，每个格网记录所包含的空间对象的标识或类型。

矢量数据结构和栅格数据结构各有优缺点。矢量数据结构精度高，但数据处理复杂，栅格数据精度低，但空间分析方便。至于采用哪一种数据结构，要根据地理信息系统的内部数据结构和地理信息系统的用途而定。

二、地理信息系统的硬件构成

地理信息系统包括硬件、软件、数据和系统使用者。地理信息系统的硬件配置根据经费条件、应用目的、规模及地域分布可以分为单机模式、局域网模式和广域网模式。

（一）单机模式

对 GIS 个别应用或小项目的应用，可以采用单机模式，一台主机附带配置几种输入输出设备。计算机主机内包含了计算机的中央处理机（CPU）、内存（RAM）、软盘驱动器和硬盘以及 CD-ROM 等。显示器用来显示图形和属性及系统菜单等，进行人机交互。键盘和鼠标用于输入命令、注记、属性、选择菜单或进行图表编辑。数字化仪用来进行图形数字化，绘图仪用于输出图形，磁带机主要用来存储数据和管理程序。有了 CD-ROM 以后，磁带机的用处已越来越小。

（二）局域网模式

单机模式只能进行一些小的 GIS 应用项目。由于 GIS 数据量大，使用磁带机或 CD-ROM 传送数据太麻烦，所以一般的 GIS 应用工程都需要联网，以便数据和硬软件资源共享。局域网模式是当前我国 GIS 应用中最为普遍的模式。一个部门或一个单位一般在一座大楼之内，将若干计算机连接成一个局域网络，联网的每台计算机与服务器之间，或计算机与计算机之间，或计算机与外设之间都可以相互通信。

（三）广域网模式

如果 GIS 的用户地域分布较广，用户之间不能用局域网的专线进行连接，就需要借用公共通信网络。使用远程通信光缆、普通电话线或卫星信道进行数据传输，就需要将 GIS 的硬件环境设计成广域网模式。

（四）输入设备

1. 数字化仪

数字化仪是 GIS 图形数据输入的基本设备之一，使用方便，过去得到普遍应用，现在基本上被扫描仪代替。电子式坐标数字化仪利用电磁感应原理，在台板的 X、Y 方向上有许多平行的印刷线，每隔 $200\mu m$ 一条，游标中装有一个线圈，当线圈中通过交流信号时，十字丝的中心便产生一个电磁场，当游标在台板上运动时，台板下的印刷线上就会产生感应电流。印刷板周围的多路开关等线路可以检测出最大的信号位置，即十字丝中心所在的位置，从而得到该点的坐标值。

2. 扫描仪

扫描仪目前是 GIS 图形及影像数据输入的一种最重要的工具之一。随着地图的识别技术、栅格矢量化技术的发展和效率的提高，人们寄希望于扫描仪，将繁重枯燥的手扶跟踪数字化交给扫描仪和软件完成。

按照扫描仪结构分为滚筒扫描仪、平板扫描仪和 CCD 摄像扫描仪。滚筒扫描仪是将扫描图件装在圆柱形滚筒上，然后用扫描头对它进行扫描，扫描头在 X 方向上运转，滚筒在 Y 方向上转动。平板扫描仪的扫描部件上装有扫描头，可在 X、Y 两个方向上对平放在扫描桌上的图件进行扫描。CCD 摄像机是在摄像架上对图件进行中心投影摄影而取得数字影像。扫描仪又有透光和反光扫描之分。栅格扫描仪扫描得到的影像需要进行目标识别和栅格到矢量的转换。多年来，已有许多专家和公司研究人机交互的半自动地图扫描矢量化系统，将扫描得到的栅格地图采用人机交互半自动化的方式得到矢量化的空间对象。该方法已得到广泛使用。

（五）输出设备

1. 矢量绘图机

矢量绘图机是早期最主要的图形输出设备。计算机控制绘图笔（或刻针）在图纸或膜片上绘制或刻绘出地图来。矢量绘图机也分滚筒式和平台式两种。现在矢量绘图仪基本上已被淘汰。

2. 栅格式绘图设备

最简单的栅格绘图设备是行式打印机。虽然它的图形质量粗糙、精度低，但速度快，用于输出草图还是有用的。现在市场上常用的激光打印机是一种阵列式打印机。高分辨率阵列打印机源于静电复印原理，它的分辨率可达每英寸 600 点甚至 1 200 点。它解决了行式打印机精度差的问题，具有速度快、精度高、图形美观等优点。某些阵列打印机带有三色色带，可打印出多色彩图。目前它未能作为主要输出设备的原因是幅面偏小。

另一种高精度实用绘图设备是喷墨绘图仪。它由栅格数据的像元值控制喷到纸张上的墨滴大小控制功能来自静电电子数目。高质量的喷墨绘图仪具有每英寸 600 点至 1 200 点甚至更高的分辨率，并且用彩色绘图时能产生几百种颜色甚至真彩色。这种绘图仪能绘出高质量的彩色地图和遥感影像图。

三、地理信息系统的功能与软件构成

1. 概述

软件是 GIS 的核心，关系到 GIS 的功能。表 3-2 为 GIS 的软件层次。最下面两层为操作系统和系统库，它们是与硬件有关的，故称为系统软件。再上一层为软件库，以保证图形、数据库、窗口系统及 GIS 其他部分能够运行。这三层统称为基础软件。上面三层包含基本功能软件与应用软件和用户界面，代表了地理信息系统的能力和用途。

表 3-2　GIS 产品的软件层结构

GIS 基本功能与应用软件	与用户的接口、通信软件
	应用软件包
	基本功能软件包
GIS 基础软件	标准软件（图形、数据库、Windows 系统等）
	系统库（编程语言、数学等）
	操作系统（系统调用、设备运行、网络等）

GIS 是对数据进行采集、加工、管理、分析和表达的信息系统，因而可将 GIS 基础软件分为五大子系统，即数据采集与输入、图形与属性编辑、数据存储与管理、空间查询与空间分析以及空间数据可视化与输出子系统。

2. 空间数据采集与输入子系统

空间数据采集与输入子系统是将现有的地图、外业观测成果、航空相片、遥感数据、文本等资料进行加工、整理、信息提取、编码、转换成 GIS 能够接收和表达的数据。许多计算机操纵的工具都可用于输入。例如，人机交互终端、数字化仪、扫描仪、数字摄影测量仪器、磁带机、CD-ROM 和磁盘等都可以用于输入方面。针对不同的仪器设备，系统配备也需要对应相适应的软件，保证将得到的数据转换后进入地理数据库中。

3. 图形及属性编辑子系统

由扫描矢量化或其他系统得到的数据往往不能满足地理信息系统的要求，许多数据存在误差，空间对象的拓扑关系还没有建立起来，所以需要图形及属性编辑子系统对原始输入数据进行处理。现在的地理信息系统都具有很强的图形编辑功能。例如 ARC/INFO 的 ARCEDIT 子系统、GeoStar 的 GeoEdit 子模块等，除负责空间数据输入外，还主要负责编辑。编辑分为两个方面，一方面，原始输入数据有错误，需要编辑修改；另一方面，需要建立拓扑关系、图幅接边、输入属性数据等。其中，图形编辑和拓扑关系建立是最重要的模块之一，它包括增加、删除、移动、修改图形、结点匹配、建立多边形等功能。

4. 空间数据库管理系统

空间数据存储和管理涉及地理空间对象（地物的点、线、面）的位置、拓扑关系以及属性数据如何组织，使其便于计算机和系统理解。用于组织数据库的计算机程序称为库管理系统（DBMS）。数据模型决定了数据库管理系统的类型。关系数据库管理系统是目前最流行的商用数据库管理系统。然而，关系模型在表达空间数据方面却存在许多缺陷。最近一些扩展的关系数据库管理系统如 Oracle、Informix 和 Ingress 等增加了空间数据类型的管理功能，可用于管理 GIS 的图形数据、拓扑数据和属性数据以及数字正射影像和 DEM 数据。它将原来分幅的空间数据存储在统一的空间数据库中，使用户可以任意查询全国的任一空间对象的图形和属性信息。

5. 空间查询与空间分析子系统

虽然数据库管理一般提供了数据库查询语言，如 SQL 语言，但对 GIS 而言，需要对通用数据库的查询语言进行补充和重新设计，使之支持空间查询。例如，查询与某个乡相邻的乡镇，穿过一个城市的公路，某铁路周围 5km 的居民点等，这些查询问题是 GIS 所特有的。所以，一个功能强大的 GIS 软件应该设计一些空间查询语言，以满足常见的空间查询的要求。

空间分析是比空间查询更深层的应用，内容更加广泛。空间分析的功能很多，主要包括地形分析（如两点间的通视分析等）、网络分析（如在城市道路中寻找最短行车路径等）、叠置分析（将两层或多层的数据叠加在一起，如将道路层与行政边界层叠置在一起，可以计算出某一行政区内的道路总长度）、缓冲区分析（给定距离某一空间对象一定范围的区域边界，计算该边界范围内其他的地理要素）等。随着 GIS 应用范围的扩大，GIS 软件的空间分析功能将不断增加。

6. 地图制图与输出子系统

地理信息系统的一个主要功能是计算机地图制图，它包括地图符号的设计、配置与符号化、地图注记、图框整饰、统计图表与专题图制作、图例与布局等内容。此外，对属性数据也要设计报表输出，并且这些输出结果需要在显示器、打印机、绘图仪或数据文件中输出。软件亦应具有驱动这些输出设备的能力。

四、地理信息系统的工程建设与应用

地理信息系统广泛用于土地、城市、资源、环境、交通、水利、农业、林业、海洋、矿产、电力、电信等各种信息的监测与管理，军事上还可以用于建立数字化战场环境。前面所述是地理信息系统的基本功能，仅是一般 GIS 软件所具有的基本功能。GIS 软件实际上是一种二次开发平台，用户用它可以开发出各种各样的应用系统。地理信息系统工程建设过程包括空间数据采集、编辑处理、空间数据建库，在此基础上利用空间查询、处理、分析等 GIS 基本功能开发出各种应用系统。

（一）GIS 应用系统的开发

各行业、各部门建立的地理信息应用系统千差万别，所以通常情况下，要在地理信息系统基础软件上开发应用系统。开发的模式与方法随地理信息系统的基础软件不同而有所差别。随着计算机软件技术的发展，不同时期的 GIS 应用软件的体系结构是不完全相同的。当前的软件技术以组件技术为主。组件是根据不同功能设计的软件模块，通过一种标准化的接口组装成应用系统，就像汽车的零部件组装成汽车一样。通常将上节所述的基本功能设计成组件，如数据采集、图形编辑、数据管理、空间查询、空间分析、地图制图等，GIS 应用系统再根据需要先开发一些专用的功能组件，然后按应用系统的设计要求装配不同的组件模块，最后设计出相应的系统界面，以方便用户使用。

（二）GIS 工程设计与建设

传统的工程学科（如水利工程、电力工程、建筑工程等）以及现代的工程学科（如气象工程、生物工程、计算机工程、软件工程等）是人类社会发展和技术进步的保障。其中，软件工程在计算机发展和应用中的作用至关重要，是当今信息产业的支柱。

GIS 工程设计与开发包括 GIS 软件二次开发和空间数据处理，即 GIS 应用系统开发和空间数据库建设，其主体上属于软件工程的范畴，可以通俗地理解为计算机软件系统开发和数据库工程建设，其设计和开发过程与传统的工程设计和开发过程有诸多相似之处，同时又有软件开发和设计的特点。最主要的是，必须遵循软件工程的方法和原理，主要包括需求分析、系统设计、功能实现、系统使用和维护等过程。它们对应于软件开发活动的不同阶段。在开发过程中，每个阶段必须遵照相应的规范进行，以保障整个系统的成功开发和运行。

GIS 工程设计主要涉及 GIS 工程的规划与组织、方案总体设计和详细设计、系统开发和测试、系统运行和维护等诸多方面。虽然 GIS 工程有很多，应用领域也不同，但是其开发过程和规范基本上一致。下面就 GIS 工程设计与开发的阶段和过程分别讨论：

1.GIS 工程规划与组织

GIS 工程规划与组织是指 GIS 工程项目的规划、组织、管理、质量和进度控制以及项目验收等全过程。它主要涉及以下几个方面：确定工程项目的总体目标，可行性方案论证（包括现有技术、数据、人员、经费、风险等），招投标的组织与实施，系统开发组织和管理，系统运行与验收等。

2.GIS 应用系统的设计与开发

该工程项目通过立项、审批、招投标以及签订开发合同后，则进入项目的设计与开发阶段。整个阶段包括需求分析、总体设计、详细设计、编码实现、空间数据建库、系统测试和运行等。

（三）GIS 的主要应用领域

GIS 在许多方面都有广泛应用，凡是与地理空间位置相关的领域都要应用地理信息系统。它主要应用于地理分析和空间信息资源的管理与应用两大方面。地理分析主要用于地理科学研究和辅助决策方面，如利用 GIS 分析城市的扩展模型，开展土地适应性评价的研究及生态与环境变迁的研究等。空间信息资源的管理与应用一般指 GIS 的工程应用，是当前 GIS 最广泛的应用。下面以国土资源管理、城市规划与管理、水利资源与设施管理、电子政务以及 GIS 在交通、旅游、数字化战场环境等方面的应用为例，介绍地理信息系统主要的工程应用领域。

1. 国土资源管理规划信息系统

国土资源是国家的重要资源，是国民经济和人类生存的基础。国土资源包括土地资源、矿产资源等。由于国土资源一般都与地理空间分布有关，因此国土资源的管理与监测最需要使用地理信息系统技术。

国土资源的种类很多，对国土资源管理与监测的内涵也不尽相同，所以国土资源管理部门需要开发许多不同功能和特点的 GIS 应用系统，包括土地利用监测信息系统、土地规划信息系统、地籍管理信息系统、土地交易信息系统、矿产管理信息系统、矿产采矿权交易信息系统等。下面以土地利用监测信息系统为例介绍地理信息系统在国土资源管理方面的应用。

土地利用监测信息系统是一种基于地理信息系统和遥感图像处理系统开发的应用系统。它首先把各种土地利用的类型数据，如建筑用地、道路用地、林地、耕地、水系等数据通过 GIS 手段建立土地利用现状数据库。然后，每隔一年或每隔几年采用遥感手段对同一地区进行监测，提取相应的土地利用类型数据，并与以前建立的土地利用现状数据库进行对比分析，发现土地类型变化的区域，以监测土地利用类型的变化，为政府决策和宏观经济管理服务。

2. 水利资源与设施管理信息系统

水利资源及其设施的管理也是地理信息系统的重要应用领域。水利资源的管理包括河流、湖泊、水库等水源、水量、水质的管理，水利设施的管理包括大坝、抽排水设施、水渠等的管理，水资源的管理又涉及洪水和干旱监测。

3. 基于 GIS 的电子政务系统

电子政务通俗地说就是政务办公信息系统。由于各级政府的许多工作都与地理空间位置信息有关，因此 GIS 在电子政务系统中具有极其重要的地位，可以说是电子政务信息系统的基础。我国电子政务启动的四大基础数据库中就包含有基础地理空间数据库。在基于 GIS 的电子政务系统中可以进行宏观规划和宏观决策，也可以用于日常办公管理。如前所述的国土资源管理规划信息系统、水利资源与设施管理信息系统均属于 GIS 在电子政务方面的应用范畴。

4. 交通旅游信息系统

地理信息系统为大众服务主要体现在交通旅游方面，人们的出行旅游以及空间位置服务需要位置服务。这种服务可以由网络或移动设备提供，人们可以在网上或移动终端上查找旅行路线，包括公交车换乘的路线和站点等。地理信息系统或者说电子地图，将来一个最广泛的用途是电子地图导航。人们在汽车上装有电子地图和 GPS 等导航设备，实时在电子地图上指出汽车当前的位置，并根据终点查找出汽车行驶的最佳路径。

5. 地理空间信息在数字化战场上的应用

地理信息系统、遥感及卫星导航定位技术在现代化战争中的地位越来越重要。战场的地形环境、气象环境、军事目标等都可以在地理信息系统中表现出来，以建立虚拟数字化战场环境。指挥人员在虚拟数字化战场环境中及时了解战场的地形状况、气象环境状况、敌我双方兵力的部署，迅速做出决策。虚拟地形环境中嵌入了坦克飞机等军事目标，使指挥员对战场态势一目了然。

五、地理信息系统的发展

（一）地理信息系统的发展过程

20 世纪 50 年代，由于计算机技术的发展，测绘工作者和地理工作者开始逐步利用计算机汇总各种来源的数据，借助计算机处理和分析这些数据，最后通过计算机输出一系列结果，作为决策过程的有用信息。20 世纪 50 年代末（1956 年），奥地利测绘部门首先利用电子计算机建立了地籍数据库，随后许多国家的土地测绘部门都相继发展了土地信息系统。20 世纪 60 年代末，加拿大建立了世界上第一个地理信息系统——加拿大地理信息系统（CGIS），用于自然资源的管理和规划。之后，美国哈佛大学研制出 SYMAP 系统软件。尽管当时的计算机水平不高，但 GIS 中机助制图能力较强，它能够实现地图的手扶跟踪数字化以及地图数据的拓扑编辑和分幅数据拼接等功能。

早期的 GIS 大多是基于栅格的系统，因而发展了许多基于栅格的操作方法。进入 20 世纪 70 年代以后，计算机技术的迅速发展推动了计算机更普及的应用。70 年代推出的大容量存取设备——磁盘，为空间数据的录入、存储、检索和输出提供了强有力的手段。用户屏幕和图形、图像卡的发展更增强了人机对话和高质量的图形显示功能，促使 GIS 朝实用方向迅速发展。一些发达国家先后建立了各种专业的土地信息系统和地理信息系统。与此同时，一些商业公司开始活跃起来。软件在市场上受到欢迎。据统计 20 世纪 70 年代有 300 多个应用系统投入使用。这期间许多大学研究机构开始重视 GIS 软件设计和研究。1980 年，美国地质调查所出版了《空间数据处理计算机软件》的报告，总结了 1979 年以前世界各国空间信息系统的发展情况。另外，马德尔等人（1984）拟订了空间数据处理计算机软件说明的标准格式，并提出地理信息系统今后的发展应着重研究空间数据处理的算法、数据结构和数据库管理系统等三个方面的内容。

20 世纪 80 年代是 GIS 普及和推广应用的阶段。由于计算机技术的发展，人们推出了图形工作站和微机等性能价格比较高的新一代计算机。计算机网络的建立使地理信息的传输时效得到极大的提高。GIS 基础软件和应用软件的发展，使得它的应用从解决基础设施的管理和规划（如道路、输电线）转向更复杂的区域开发，如土地的利用、城市化的发展、人口规划与布置等。在许多工业国家，土地信息系统作为有关部门的必备工具投入日常运转。与卫星遥感技术相结合，GIS 开始用于解决全球性问题，如全球沙漠化、全球可居住区的评价、厄尔尼诺现象及酸雨、核扩散及核废料，以及全球气候与环境的变化监测。20 世纪 80 年代中期，GIS 软件的研制与开发也取得了很大成绩，仅 1989 年市场上有报价的软件就有 70 多个，并且涌现出一些有代表性的 GIS 软件，如 ARCINFO、TICRIS、MGE、SICAD、GENAMAP 等。它们可在工作站或微机上运行。

进入 20 世纪 90 年代，随着微机和 Windows 的迅速发展，以及图形工作站性能价格比的进一步提高，计算机在全世界迅速普及，一些基于 Windows 的桌面 GIS，如 ARCINFO、MAPINFO 以及国产 GIS 软件 GeoStar、MapGIS、SuperMap 等以其界面友好、易学好用的独特风格，将 GIS 带到各行各业，使地理信息系统得到广泛应用。目前，无论是国外，还是国内，地理信息系统都得到普及应用，成功的应用实例不胜枚举。

（二）当代地理信息系统的进展

当代地理信息系统在技术方面的进展主要表现在组件 GIS、互联网 GIS、三维 GIS、移动 GIS 和地理信息共享与互操作等方面，下面分别予以介绍：

1. 组件 GIS

GIS 基础软件可以定性为应用基础软件。它一般不做直接应用，而是根据某一行业或某一部门的特定需求进行二次开发。因此，软件的体系结构和应用系统二次开发的模式对 GIS 软件的市场竞争力非常重要。

GIS 软件大多数都已经过渡到基于组件的体系结构。一般都采用 COM/DCOM 技术。组件体系结构为 GIS 软件工程化开发提供了强有力的保障。一方面，组件采用面向对象技术，硬软件的模块化更加清晰，软件模块的重用性更好；另一方面，也为用户的二次开发提供了良好的接口。组件接口是二进制接口，它可以跨语言平台调用，即用 C++ 开发的 COM 组件可以用 VB 或 Delphi 语言调用，因此二次开发用户可以用通用且易学的 VB 等语言开发应用系统，大大提高了应用系统的开发效率。

2. 互联网 GIS

随着互联网（Internet）的发展，特别是万维网（World Wide Web，WWW）技术的发展，信息的发布、检索和浏览无论在形式上还是在手段上都发生了革命性变化，带来极大的方便。网络的发展为 GIS 提供了机遇和挑战，它改变了 GIS 数据信息的获取、传输、发布、共享、应用和可视化等过程和方式。互联网为 GIS 数据在 WWW 上提供了方便的发布与共享方式，互联网的分布式查询为用户利用 GIS 数据提供有效的工具，WWW 和 FTP(File Transport Protocol) 使用户从互联网下载 GIS 数据变得十分方便。

互联网为地理信息系统提供了新的操作平台，互联网与地理信息系统的结合，即 Web GIS 是 GIS 发展的必然趋势。Web GIS 使用户不必购买昂贵的 GIS 软件，而直接通过 Internet 获取 GIS 数据和使用 GIS 功能，以满足不同层次用户对 GIS 数据的使用要求。Web GIS 在用户和空间数据之间提供可操作的工具，而且这种数据信息是动态的、实时的。

由于历史上的技术原因，一般基于客户端或服务器模式的地理信息系统都不能在互联网上运行，因此几乎每一个 GIS 软件商除了拥有一个地理信息系统基础软件平台之外，还都开发了一个能运行于互联网的 GIS 软件。

3. 多维动态 GIS

传统上的 GIS 都是二维的，仅能处理和管理二维图形和属性数据，有些软件也具有 2.5 维数字高程模型（DEM）地形分析功能。随着技术的发展，三维建模和三维 GIS 迅速发展，而且具有很大的市场潜力。当前的三维 GIS 主要有以下几种：

（1)DEM 地形数据和地面正射影像纹理叠加在一起，形成三维的虚拟地形景观模型。有些系统可能还能够将矢量图形数据叠加进去。这种系统除了具有较强的可视化功能以外，通常还具有 DEM 的分析功能，如坡度分析、坡向分析、可视域分析等。它还可以将 DEM 与二维 GIS 进行联合分析。

（2）在虚拟地形景观模型之上，将地面建筑物竖起来，形成城市三维 GIS。对房屋的处理有三种模式：第一种是每栋房屋一个高度，形状也做了简化，形如盒状，墙面纹理四周都采用一个缺省纹理；第二种是房屋形状是通过数字摄影测量实测的，或是通过 CAD 模型导入的，形状与真实物体一致，具有复杂造型，但墙面纹理可能做了简化，一栋房屋采用一种缺省纹理；第三种是在复杂造型的基础上选上真实纹理，形成虚拟现实景观模型。

（3）真三维 GIS。它不仅表达三维物体（地面和地面建筑物的表面），也表达物体的内部，如矿山、地下水等物体。由于地质矿体和矿山等三维实体的表面呈不规则状，且内部物质也不一样，此时 Z 值不能作为一个属性，而应该作为一个空间坐标，矿体内任一点的值是三维坐标 x、y、z 的函数，即 P=f(x，y，z）。而我们在目前进行三维可视化时，z 是 xy 的函数，如何将 P=f(x，y，z）进行可视化，表现矿体的表面形状，并反映内部结构是一个难题。因此，当前真三维 GIS 还是一个瓶颈问题，虽然推出了一些实用系统，但一般都做了一些简化。

（4）时态 GIS。传统的 GIS 不能考虑时态。随着 GIS 的普及应用，GIS 的时态问题日益突出。土地利用动态变更调查需要用到时态 CIS。空间数据的更新也要考虑空间数据的多版本和多时态问题。因此，时态 GIS 是当前 GIS 研究与发展的一个重要方向。一般在二维 GIS 上加上时间维，称为时态 GIS。如果在三维 GIS 之上再考虑时态问题，则被称为四维 GIS 或三维动态 GIS。

4. 移动 GIS

随着计算机软、硬件技术的高速发展，特别是 Internet 和移动通信技术的发展，GIS 由信息存储与管理的系统发展到社会化的、面向大众的信息服务系统。移动 GIS 是一种应用服务系统，其定义有狭义与广义之分。狭义的移动 GIS 是指运行于移动终端（如掌上电脑），并具有桌面 GIS 功能的 GIS 系统，它不存在与服务器的交互，是一种离线运行模式。广义的移动 GIS 是一种集成系统，是 GIS、GPS、移动通信、互联网服务、多媒体技术等的集成，如基于手机的移动定位服务。移动 GIS 通常提供移动位置服务和空间信息的移动查询，移动终端有手机、掌上电脑、便携机、车载终端等。

5. 地理信息网络共享与互操作

传统的 GIS 由于各软件数据结构、数据模型、软件体系结构不同，致使不同 CIS 软件的空间信息难以共享。为此，开放地理空间信息联盟（OGC）和国际标准化组织（ISO/TC211）制定了一系列有关地理信息共享与互操作的标准。当前主要集中于制定基于 Web 服务的地理信息共享标准。网络（Web）服务技术是当前信息技术（IT）领域的一个最热门的技术，也是地理信息共享与互操作最容易实现和推广使用的技术。目前多个国际标准化组织制定的基于 Web 的空间信息共享服务规范得到了各个 GIS 厂商及应用部门的广泛支持。例如，基于 Web 的地图服务规范，利用具有地理空间位置信息的数据制作地图，并使用 Web 服务技术发布地图信息，它可以被任何支持 Web 服务的软件调用与嵌入，使不同 GIS 软件建立的空间数据库可以相互调用地理信息。由于该规范的接口比较简单，因此它得到了许多国家和软件商的支持。

6. 地理空间信息服务技术

随着计算机网络技术的发展和普遍应用，越来越多的地理空间信息被送到网络上为大众提供服务，除了传统的二维电子地图数据能够在网上浏览查询以外，影像数据、数字高程模型数据和城市三维数据都可以通过网络进行浏览查询，如谷歌公司的谷歌地图和微软公司的必应地图都可以提供全球影像和三维空间信息浏览查询服务，并且允许用户加载与位置相关的信息。

我国的网络信息服务公司也提供了多个地理信息网络服务网站，如百度公司、腾讯公司等多个服务站。国家测绘地理信息局主导建设了国家地理信息公共服务平台"天地图"，它是"数字中国"的重要组成部分。建设"天地图"的目的在于促进地理信息资源的共享和高效利用，提高测绘地理信息公共服务能力和水平，改进测绘地理信息成果的服务方式，更好地满足国家信息化建设的需要，为社会公众的工作和生活提供便利。

"天地图"运行于互联网、移动通信网等网络环境，以门户网站和服务接口两种形式向公众、企业、专业部门、政府部门提供 24 h 不间断的"一站式"地理信息服务。

各类用户通过"天地图"的门户网站或者下载"手机地图"引擎到手机上可以进行基于地理位置的信息浏览、查询、搜索、量算以及路线规划等各类应用；也可以利用服务接口调用"天地图"的地理信息服务，并利用编程接口（API）将"天地图"的服务资源嵌入已有的各类应用系统（网站）中，以"天地图"的服务为支撑开展各类增值服务与应用。

第四章 激光雷达测绘技术的理论与实现

第一节 概述

激光的英文"Laser"是 Light Amplification by the Stimulated Emission of Radiation（受激辐射光放大）的缩写，它是 20 世纪重大的科学发现之一，具有方向性好、亮度高、单色性好、相干性好的特性。自激光产生以来，激光技术得到了迅猛的发展，激光应用的领域也在不断拓展。物理学家爱因斯坦在 1916 年首次提出激光原理。1953年，美国科学家汤斯和他的学生肖洛成功研制了世界上第一台微波量子放大器。1960年，世界上第一台红宝石激光器在美国诞生。目前激光已广泛用于医疗保健、机械制造、大气污染物的监测等领域，它常被用于振动、速度、长度、方位、距离等物理量的测量。

伴随着激光技术和电子技术的发展，激光测量已经从静态的点测量发展到动态的测量、跟踪测量和三维测量。20 世纪末，美国的 CYRA 公司和法国的 MENSI 公司已率先将激光技术运用到三维测量领域。三维激光测量技术的产生为测量领域提供了全新的测量手段。

三维激光扫描测量，常见的英文翻译有 Light Detection and Ranging（LiDAR）、Laser Scanning Technology 等。雷达是通过发射无线电信号对物体进行观测，雷达在遇到物体后返回并接收信号，从而对物体进行探查与测距的技术，英文名称为 Radio Detection and Ranging，简称 Radar，译成中文就是"雷达"。由于 LiDAR 和 Radar 的原理是一样的，只是信号源不同，又因为 LiDAR 的光源一般都采用激光，所以一般都将 LiDAR 译为"激光雷达"，也可称为激光扫描仪。

激光雷达具有一系列独特的优点：极高的角分辨率、极高的距离分辨率、速度分辨率高、测速范围广、能获得目标的多种图像、抗干扰能力强、比微波雷达的体积和重量小等。虽然激光雷达的技术难度很高，至今尚未成熟，但是激光雷达仍是一项发展中的技术，有的激光雷达系统已经处于试用阶段，但许多激光雷达系统仍在研制或探索之中。

三维激光扫描技术又称作高清晰测量（High Definition Surveying，HDS），也被称为"实景复制技术"。它利用激光测距的原理，通过记录被测物体表面大量密集点的三维坐标信息和反射率信息，将各种大实体或实景的三维数据完整地采集到计算机中，进而快速复建出被测目标的三维模型及线、面、体等各种图件数据。结合其他各领域的专业应用软件，所采集点云数据还可进行各种后处理应用。

三维激光扫描技术是一项高新技术，把传统的单点式采集数据过程转变为了自动且连续获取数据的过程，由逐点式、逐线式、立体线式扫描逐步发展成为三维激光扫描，由传统的点测量跨越到了面测量，实现了质的飞跃。同时，所获取信息量也从点的空间位置信息扩展到目标物的纹理信息和色彩信息。20 世纪末，测绘领域掀起了三维激光扫描技术的研究热潮，扫描对象越来越多，应用领域越来越广，在高效获取三维信息应用中逐渐占据了主要地位。

第二节　地面三维激光扫描技术

一、三维激光扫描系统的基本原理

1. 激光测距技术原理与类型

三维激光扫描系统主要由三维激光扫描仪、计算机、电源供应系统、支架以及系统配套软件构成。而三维激光扫描仪作为三维激光扫描系统主要组成部分之一，又由激光发射器、接收器、时间计数器、马达控制可旋转的滤光镜、控制电路板、微电脑、CCD 相机以及软件等组成。

激光测距技术是三维激光扫描仪的主要技术之一，激光测距的原理主要有脉冲测距法、相位测距法、激光三角测距法、脉冲 – 相位式四种类型。脉冲测距法与相位测距法对激光雷达的硬件要求高，多用于军事领域。激光三角测距法的硬件成本低，精度能够满足大部分工业与民用要求。目前测绘领域所使用的三维激光扫描仪主要是基于脉冲测距法，近距离的三维激光扫描仪主要采用相位测距法和激光三角测距法。激光测距技术类型详细介绍如下：

（1）脉冲测距法

脉冲测距法是一种高速激光测时测距技术。脉冲式扫描仪在扫描时，激光器会发射出单点的激光，记录激光的回波信号。通过计算激光的飞行时间来测量距离（Time of Flight，TOF），即利用光速来计算目标点与扫描仪之间的距离。

（2）相位测距法

相位测距法的具体过程如下：相位式扫描仪发射出一束不间断的整数波长的激光，通过计算从物体反射回来的激光波的相位差，来计算和记录目标物体的距离，如图 4-1 所示。

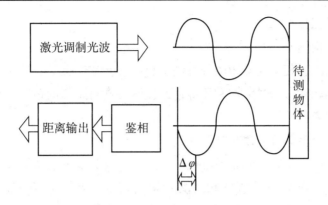

图 4-1　相位测距法原理示意图

（3）激光三角测距法

激光三角测距法的基本原理是由仪器的激光器发射一束激光投射到待测物体表面，待测物体表面的漫反射经成像物镜成像在光电探测器上。光源、物点和像点形成了一定的三角关系。其中，光源和传感器上的像点位置是已知的，由此可以计算出物点所在的位置。激光三角测距法的光路按入射光线与被测物体表面法线的关系分为直射式和斜射式两种测距方式。

直射式三角测距法是半导体激光器发射光束经透射镜会聚到待测物体上，经物体表面反射（散射）后通过接收透镜成像在光电探（感）测器（CCD）或（PSD）敏感面上。工作原理如图 4-2 所示。

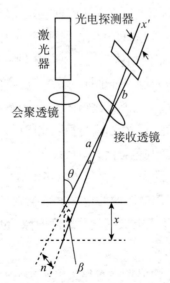

图 4-2　直射式三角测距法原理

斜射式三角测量法，是半导体激光器发射光轴与待测物体表面法线形成一定角度，射到北侧物体表面上，被侧面上的再向反射光或散射光通过接收透镜成像在光电探

（感）测器敏感面上。

（4）脉冲－相位式

将脉冲式测距和相位式测距两种方法结合起来，就产生了一种新的测距方法——脉冲－相位式测距法。这种方法利用脉冲式测距实现对距离的粗测，利用相位式测距实现对距离的精测。

2. 三维激光扫描仪的工作原理

三维激光扫描仪主要由测距系统和测角系统以及其他辅助功能系统构成，如内置相机以及双轴补偿器等。三维激光扫描仪由激光测距仪、水平角编码器、垂直角编码器、水平及垂直方向伺服马达、倾斜补偿器和数据存储器组成。

三维激光扫描仪的工作原理是通过测距系统获取扫描仪到待测物体的距离，再通过测角系统获取扫描仪至待测物体的水平角和垂直角，进而计算出待测物体的三维坐标信息。

三维激光扫描仪的扫描装置可分为振荡镜式、旋转多边形镜、章动镜和光纤式四种，扫描方向既可以是单向的，也可以是双向的。在扫描的过程中再利用本身的垂直和水平马达等传动装置完成对物体的全方位扫描，这样连续地对空间以一定的取样密度进行扫描测量，就能得到被测目标物体密集的三维彩色散点数据，称作点云。

3. 点云数据的特点

地面三维激光扫描测量系统对物体进行扫描所采集到的空间位置信息是以特定的坐标系为基准的，这种特殊的坐标系称为仪器坐标系，不同仪器采用的坐标轴方向不尽相同，通常将其定义为：坐标原点位于激光束发射处，Z 轴位于仪器的竖向扫描面内，向上为正；X 轴位于仪器的横向扫描面内与 Z 轴垂直；Y 轴位于仪器的横向扫描面内与 X 轴垂直，同时，Y 轴正方向指向物体且与 X 轴、Z 轴一起构成右手坐标系。

三维激光扫描仪在记录激光点三维坐标的同时也会将激光点位置处物体的反射强度值记录下来，并称为"反射率"。内置数码相机的扫描仪在扫描过程中可以方便、快速地获取外界物体真实的色彩信息，在扫描与拍照完成后，可以得到点的三维坐标信息，也获取了物体表面的反射率信息和色彩信息。所以包含在点云信息里的不仅有 X、Y、Z、Intensity（亮度）还包含每个点的光学三原色（RGB）数字信息。

依据赫尔穆特·坝特勒对深度图像的定义，三维激光扫描是深度图像的主要获取方式，因此激光雷达获取的三维点云数据就是深度图像，也可以称为距离影像、深度图、xyz 图、表面轮廓、2.5 维图像等。

三维激光扫描仪的原始观测数据主要包括以下内容：（1）根据两个连续转动的用来反射脉冲激光镜子的角度值得到激光束的水平方向值和竖直方向值；（2）先根据激光传播的时间计算出仪器到扫描点的距离，再根据激光束的水平方向角和垂直方向角，最后就可以得到每一扫描点相对于仪器的空间相对坐标值；（3）扫描点的反射强度等。

《规程》中对点云（point cloud）给出了定义：三维激光扫描仪获取的以离散、不规则方式分布在三维空间中的点的集合。

点云数据的空间排列形式根据测量传感器的类型分为阵列点云、线扫描点云、面扫描点云以及完全散乱点云。大部分三维激光扫描系统完成数据采集是基于线扫描方式的，采用逐行（或列）的扫描方式，获得的三维激光扫描点云数据具有一定的结构关系。点云的主要特点如下：

数据量大。三维激光扫描数据的点云量较大，一幅完整的扫描影像数据或一个站点的扫描数据中可以包含几十万至上百万个扫描点，甚至达到数亿个扫描点。

密度高。扫描数据中点的平均间隔在测量时可通过仪器设置，一些仪器设置的间隔可达 1.0mm，为了便于建模，目标物的采样点通常都非常密。

带有扫描物体光学特征信息。由于三维激光扫描系统可以接收反射光的强度，因此三维激光扫描的点云一般具有反射强度信息，即反射率。有些三维激光扫描系统还可以获得点的色彩信息。

立体化。点云数据包含了物体表面每个采样点的三维空间坐标，记录的信息全面，因而可以测定目标物表面立体信息。由于激光的投射性有限，无法穿透被测目标，因此点云数据不能反映实体的内部结构、材质等情况。

离散性。点与点之间相互独立，没有任何拓扑关系，不能表征目标体表面的连接关系。

可量测性。地面三维激光扫描仪获取的点云数据可以直接量测每个点云的三维坐标、点云间距离、方位角、表面法向量等信息，还可以通过计算得到点云数据所表达的目标实体的表面积、体积等信息。

非规则性。激光扫描仪是按照一定的方向和角度进行数据采集的，采集的点云数据随着距离的增大，扫描角增大，点云间的距离也增大，加上仪器系统误差和各种偶然误差的影响，点云的空间分布没有一定的规则。

以上特点使得三维激光扫描数据得到十分广泛的应用，同时也使点云数据处理变得十分复杂和困难。

二、三维激光扫描系统的分类

目前许多厂家提供了多种型号的扫描仪，它们无论在功能还是在性能指标方面都不尽相同，用户想要根据不同的应用目的，从繁杂多样的激光扫描仪中进行正确和客观的选择就必须对三维激光扫描系统进行分类。

从实际工程和应用角度来说，激光雷达的分类方式繁多，主要有激光波段、激光器的工作介质、激光发射波形、功能用途、承载平台、激光雷达探测技术等。

1. 依据承载平台划分

当前从三维激光扫描测绘系统的空间位置或系统运行平台来划分，可分为如下五类：

（1）星载激光扫描仪

星载激光扫描仪也称星载激光雷达，是安装在卫星等航天飞行器上的激光雷达系统。星载激光雷达是 20 世纪 60 年代发展起来的一种高精度地球探测技术，实验始于 20 世纪 90 年代初，美国的星载激光雷达技术的应用与规模处于绝对领先位置。美国公开报道的典型星载激光雷达系统有 MOLA、MLA、LOLA、GLAS、ATLAS、LIST 等。

星载激光扫描仪的运行轨道高并且观测视野广，可以触及世界的每一个角落，提供高精度的全球探测数据，在地球探测活动中起着越来越重要的作用，对国防和科学研究具有十分重大的意义。目前，它在植被垂直分布测量、海面高度测量、云层和气溶胶垂直分布测量以及特殊气候现象监测等方面可以发挥重要作用，主要应用于全球测绘、地球科学、大气探测、月球探测、火星和小行星探测、在轨服务、空间站等。

星载高分辨率对地观测激光雷达在国际上仍属于非常前沿的工程研究方向。星载激光雷达在地形测绘、环境监测等方面的应用具有独特的优势，未来在典型的对地观测应用体现主要有构建全球高程控制网、获取高精度 DSM/DEM、特殊区域精确测绘、极地地形测绘与冰川监测。

（2）机载激光扫描系统

机载激光扫描系统（Airborne Laser Scanning System，ALSS，或者 Laser Range Finder，LRF，或者 Airborne Laser TerrainMapper，ALTM），也称机载 LiDAR 系统。

这类系统由激光扫描仪（LS）、惯性导航系统（INS）、DGPS 定位系统、成像装置（UI）、计算机以及数据采集器、记录器、处理软件和电源构成。DGPS 系统给出成像系统和扫描仪的精确空间三维坐标，INS 给出其空中的姿态参数，由激光扫描仪进行空对地式的扫描，以此来测定成像中心到地面采样点的精确距离，再根据几何原理计算出采样点的三维坐标。

传统的机载 LiDAR 系统测量往往是通过安置在固定翼的载人飞行器上进行的，作业成本高，数据处理流程也较为复杂。随着近年来民用无人机的技术升级和广泛应用，将小型化的 LiDAR 设备集成在无人机上进行快速高效的数据采集已经得到应用。LiDAR 系统能全天候高精度、高密集度、快速和低成本地获取地面三维数字数据，具有广泛的应用前景。

空中机载三维扫描系统的飞行高度最大可以达到 1km，这使机载激光扫描不仅能用在地形图绘制和更新方面，还在大型工程的进展监测、现代城市规划和资源环境调查等诸多领域都有较广泛的应用。

（3）车载激光扫描系统

车载激光扫描系统即车载 LiDAR 系统，在文献中用的词语也不太一致，总体表达的思想大致是相同的。车载的含义广泛,不仅是汽车,还包括轮船、火车、小型电动车、三轮车、便携式背包等。

车载 LiDAR 系统集成了激光扫描仪、CCD 相机、数字彩色相机的数据采集和记录系统和 GPS 接收机,基于车载平台,由激光扫描仪和摄影测量获得原始数据作为三维建模的数据源。该系统的优点如下:能够直接获取被测目标的三维点云数据坐标;可连续快速扫描;效率高,速度快。不足之处是,目前市场上的车载地面三维激光扫描系统的价格比较昂贵(200 万元~800 万元),只有少数地区和部门使用。地面车载激光扫描系统一般能够扫描到路面和路面两侧各 50m 左右的范围,它广泛应用于带状地形图测绘以及特殊现场的机动扫描。

(4)地面三维激光扫描系统

地面三维激光扫描系统(地面三维激光扫描仪),还可称为地面 LiDAR 系统。地面三维激光扫描系统类似于传统测量中的全站仪,它由一个激光扫描仪和一个内置或外置的数码相机,以及软件控制系统组成。激光扫描仪本身主要包括激光测距系统和激光扫描系统,同时也集成了 CCD 和仪器内部控制和校正系统等。二者的不同之处在于固定式扫描仪采集的不是离散的单点三维坐标,而是一系列的"点云"数据。点云数据可以直接用来进行三维建模,而数码相机的功能就是提供对应模型的纹理信息。

地面三维激光扫描系统是一种利用激光脉冲对目标物体进行扫描,可以大面积、大密度、快速度、高精度地获取地物的形态及坐标的测量设备。目前,它已经广泛应用于测绘、文物保护、地质、矿业等领域。

(5)手持式激光扫描系统

手持式激光扫描系统(手持式三维扫描仪)是一种可以用手持扫描来获取物体表面三维数据的便携式三维激光扫描仪,是三维扫描仪中最常见的扫描仪。它被用来侦测和分析现实世界中物体或环境的形状(几何构造)与外观数据(如颜色、表面反照率等性质),搜集到的数据常被用来进行三维重建计算,在虚拟世界中创建实际物体的数字模型。它的优点是快速、简洁、精确,可以帮助用户在数秒内快速地测得精确、可靠的数据。

此类设备大多用于采集小型物体的三维数据,可以精确地给出物体的长度、面积、体积测量,一般配备有柔性的机械臂使用。此类设备大多应用于机械制造与开发、产品误差检测、影视动画制作以及医学等领域。此类型的仪器配有联机软件和反射片两种。

2.依据扫描距离划分

按三维激光扫描仪的有效扫描距离进行分类,大概可分为以下三种类型:

(1)短距离激光扫描仪(<10m)。这类扫描仪最长扫描距离只有几米,一般最佳扫描距离为 0.6~1.2m,主要用于小型模具的量测。它不仅扫描速度快,而且精度较高,可在短时间内精确地显示物体的长度、面积、体积等信息。手持式三维激光扫描仪属

于这类扫描仪。

（2）中距离激光扫描仪（10~400m）。最长扫描距离只有几十米的三维激光扫描仪属于中距离三维激光扫描仪，它主要用于室内空间和大型模具的测量。

（3）长距离激光扫描仪（>400m）。扫描距离较长，最大扫描距离超过百米的三维激光扫描仪属于长距离三维激光扫描仪。它主要应用于建筑物、大型土木工程、煤矿、大坝、机场等的测量。

3. 依据扫描仪成像方式划分

按照扫描仪成像方式可分为如下三种类型：

（1）全景扫描式。全景式激光扫描仪采用一个纵向旋转棱镜引导激光光束在竖直方向扫描，同时利用伺服马达驱动仪器绕其中心轴旋转。

（2）相机扫描式。它与摄影测量的相机类似。它适用于室外物体扫描，特别对长距离的扫描很有优势。

（3）混合型扫描式。它的水平轴系旋转不受任何限制，垂直旋转受镜面的局限，集成了上述两种类型扫描仪的优点。

三、地面三维激光扫描技术的特点

传统的测量设备主要是单点测量，获取物体的三维坐标信息。与传统的测量技术手段相比，三维激光扫描测量技术是现代测绘发展的新技术之一，也是一种新兴的获取空间数据的方式，拥有许多独特的优势。不同类型设备的技术特点有所不同。以地面三维激光扫描技术为例，其特点如下：

1. 非接触测量

三维激光扫描技术采用非接触扫描目标的方式进行测量，无须反射棱镜，对扫描目标物体不需进行任何表面处理，直接采集物体表面的三维数据，所采集的数据真实可靠。可以用于解决危险目标、环境（或柔性目标）及人员难以企及的情况，具有传统测量方式难以比拟的技术优势。

2. 数据采样率高

目前，三维激光扫描仪采样点速率可达到百万点/秒，这样的采样速率是传统测量方式难以企及的。

3. 主动发射扫描光源

三维激光扫描技术采用主动发射扫描光源（激光），通过探测自身发射的激光回波信号来获取目标物体的数据信息，因此在扫描过程中，可以实现不受扫描环境的时间和空间的约束的目的。同时，它还可以全天候作业，不受光线的影响，工作效率高，有效工作时间长。

4. 具有高分辨率、高精度的特点

三维激光扫描技术可以快速、高精度地获取海量点云数据，并且对扫描目标进行高密度的三维数据采集，从而达到高分辨率的目的。单点精度可达 2mm，间隔最小1mm。

5. 数字化采集，兼容性好

三维激光扫描技术所采集的数据是直接获取的数字信号，具有全数字特征，易于后期处理及输出。用户界面友好的后处理软件能够与其他常用软件进行数据交换及共享。

6. 可与外置数码相机、GPS 系统配合使用

这些功能扩展了三维激光扫描技术的使用范围，对信息的获取更加全面、准确。外置数码相机的使用，增强了彩色信息的采集，使扫描获取的目标信息更加全面。GPS 定位系统的应用，使三维激光扫描技术的应用范围更加广泛，与工程的结合更加紧密，提高了测量数据的准确性。

7. 结构紧凑、防护能力强，适合野外使用

目前常用的扫描设备一般体积小、重量轻、防水、防潮，对使用条件要求不高，环境适应能力强，适于野外使用。

8. 直接生成三维空间结果

结果数据直观，在进行空间三维坐标测量的同时，可以获取目标表面的激光强度信号和真彩色信息。它可以直接在点云上获取三维坐标、距离、方位角等，应用于其他三维设计软件。

9. 全景化的扫描

目前水平扫描视场角可实现 360°，垂直扫描视场角可达到 320°，扫描更加灵活，更加适合复杂的环境，从而提高了扫描效率。

10. 激光的穿透性

激光的穿透特性使得地面三维激光扫描系统获取的采样点能描述目标表面的不同层面的几何信息。它可以通过改变激光束的波长，穿透一些比较特殊的物质，如水、玻璃以及低密度植被等，使透过玻璃水面、穿过低密度植被来采集成为可能。奥地利 RIEGL 公司的 V 系列扫描仪基于独一无二的数字化回波和在线波形分析功能，实现了超长测距的目的。VZ-4000 可以在沙尘、雾天、雨天、雪天等能见度较低的情况下使用并进行多重目标回波的识别，在矿山等困难的环境下也可以轻松使用。

三维激光扫描技术与全站仪测量技术的区别如下：

1. 对观测环境的要求不同

三维激光扫描仪可以全天候地进行测量，而全站仪因为需要瞄准棱镜，必须在白天或者较明亮的地方进行测量。

2. 对被测目标的获取方式不同

三维激光扫描仪不需要照准目标，可以采用连续测量的方式进行区域范围内的面数据获取，全站仪则必须通过照准目标来获取单点的位置信息。

3. 获取数据的量不同

三维激光扫描仪可以获取高密度的观测目标的表面海量数据，采样速率高，对目标的描述细致。全站仪只能有限度地获取目标的特征点。

4. 测量精度不同

三维激光扫描仪和全站仪的单点定位精度都是毫米级。目前，部分全站式三维激光扫描仪已经可以达到全站仪的精度，但是整体来讲，三维激光扫描仪的定位精度比全站仪略低。

四、三维激光扫描技术发展概述

1. 国外技术发展概述

欧美国家在三维激光扫描技术行业中起步较早，始于 20 世纪 60 年代。发展最快的是机载三维激光扫描技术，目前该技术正逐渐走向成熟。美国的斯坦福大学 1998 年进行了地面固定激光扫描系统的集成实验，取得了良好的效果，该大学正在开展较大规模的研究工作。1999 年在意大利的佛罗伦萨，来自华盛顿大学的 30 人小组利用三维激光扫描系统对米开朗琪罗的大卫雕像进行测量，包括激光扫描和拍摄彩色数码相片，三维激光扫描系统逐步产业化。目前，国际上许多公司及研究机构对地面三维激光扫描系统进行研发，并推出了自己的相关产品。

三维激光扫描技术开始于 20 世纪 80 年代，由于激光具有方向性、单色性、相干性等优点，将其引入测量设备中，在效率、精度和易操作性等方面都展示了巨大的优势，它的出现也引发了现代测绘科学和技术的一场革命，引起许多学者的广泛关注。很多高科技公司和高等院校的研究机构将研究方向和重点放在三维激光扫描设备的研究中。

随着三维激光扫描设备在精度、效率和易操作性等方面的提升以及成本方面的逐步下降，20 世纪 90 年代，它成了测绘领域的研究热点，扫描对象和应用领域也在不断扩大，逐渐成为空间三维模型快速获取的主要方式之一。许多设备制造商也相继推出了各种类型的三维激光扫描系统。现在，三维激光扫描系统已经形成了颇具规模的产业。

目前，国际上已有几十个三维激光扫描仪制造商，制造了各种型号的三维激光扫描仪，包括微距、短距离、中距离、长距离的三维激光扫描仪。微观、短距离的三维激光扫描技术已经很成熟。长距离的三维激光扫描技术在获取空间目标点三维数据信息方面获得了新的突破，并应用于大型建筑物的测量、数字城市、地形测量、矿山测量和机载激光测高等方面，有着广阔的应用前景。

在软件方面，不同厂家的三维激光扫描仪都带有自己的系统软件。其他三维激光扫描数据处理软件，如意大利的 JRC Reconstructor、德国的 Point Cab、瑞典的 3D Reshaper 软件等，都各有所长。

2. 国内技术发展概述

在国内，三维激光扫描技术的研究起步较晚，随着三维激光扫描技术在国内的应用逐步增多，国内很多科研院所以及高等院校正在推进三维激光扫描技术的理论与技术方面的研究，并取得了一定的成果。

我国第一台小型的三维激光扫描系统由原华中理工大学与邦文文化发展公司合作研制。在堆体变化的监测方面，原武汉测绘科技大学地球空间信息技术研究组开发的激光扫描测量系统可以达到良好的分析效果。武汉大学自主研制的多传感器集成的 LD 激光自动扫描测量系统实现了通过多传感器对目标断面的数据匹配来获取被测物的表面特征的目的。清华大学提出了三维激光扫描仪国产化战略，并且研制出了三维激光扫描仪样机，已通过了国家 863 项目验收。北京大学的视觉与听觉信息处理国家重点实验室三维视觉计算小组在这方面做了不少研究，"三维视觉与机器人试验室"使用不同性能的三维激光扫描设备、全方位摄像系统和高分辨率相机采集了建模对象的三维数据与纹理信息，最终通过这些数据的配准和拼接完成了物体和场景三维模型的建立。

针对激光点云数据的数据管理和处理技术、不同行业应用的数据分析技术等技术难点，激光数据处理还存在设备精度标定、坐标拼接和转换、植被分类、行业应用标准等问题。尽管国内外学者进行了大量的研究，并取得了一定成果，但仍不能满足生产需要。

尽管三维激光扫描技术在各行业中得到广泛应用，但大多数是直接应用国外成熟的软件进行数据采集和处理工作。目前国外成熟的地面激光扫描软件相对丰富。在国内也有一些相关软件被研发和应用，林业科学院针对林业的特点开发了用于林业方面的处理软件。中国水利水电科学研究院的刘昌军开发了海量激光点云数据处理软件和三维显示及测绘出图软件。

在软件方面，除了不同厂家的三维激光扫描仪自带的系统配套软件，还有其他三维激光扫描数据处理软件，如武汉海达数云技术有限公司的全业务流程三维激光点云处理系列软件、上海华测导航技术有限公司的 CoProcess、青岛秀山移动测量有限公司的 VsurPointCloud、北京四维远见信息技术有限公司的 SWDY 软件等。这些软件都各有所长。

五、地面三维激光扫描仪精度检测

（一）仪器性能相关术语

1.精度

精度是指在相同条件下，对被测量物体进行多次反复测量，测量值的一致（符合）程度。精度是一种定性而非定量的概念，通常用重复性标准差来表示。

2.准确度

准确度表示测量结果与被测量真值之间的一致程度，准确度取决于系统误差和偶然误差，表示测量结果的正确性。

3.单点精度

单点精度是指利用地面激光扫描仪获取的三维点云数据与被测物体的已知数据之差的绝对量平均值计算出的标准差。被测物体通常为已知直径的球体。

4.重复性

重复性是指在相同的测量条件下，对同一被测量物体进行连续多次测量所得结果之间的一致性。

5.分辨率

分辨率是指用物理学方法（如光学仪器）能分清两个密切相邻物体的程度。

6.限差

限差又称容许误差，是在一定测量条件下规定的测量误差绝对值的限值。

（二）检定方法相关术语

1.检定

检定是由法定计量部门或其他法定授权组织，为确定计量器具是否完全满足检定规程的要求而进行的全部工作。

检定是由国家法定计量部门所进行的测量，在我国主要是由各级计量院（所）及授权的实验室完成。检定是我国开展量值传递最常用的方法，检定必须严格按照检定规程运作，对所检仪器做出符合性判断，即给出合格还是不合格的结论，而该结论具有法律效应。

检定是一项目的性很明确的测量工作，除依据检定规程要给出该仪器是否合格的结论外，有时还要对某些参数给出修正值，以供仪器使用者采用。

检定结果具有时效性和适应性，在使用仪器检定的结果时，要注意检定结果是否在有效期内，并注意区分仪器检定时的环境条件与使用时环境条件的区别。

2.检测

检测是指对给定的产品、材料、设备、生物、物理现象、工艺过程服务，按照规定的程序确定一种或多种性能的技术操作。

检测又称为测试，通常依据相关标准对产品的质量进行检测，检测结果一般记录在称为检测报告或检测证书的文件中。

检测需要对仪器所有的性能指标进行试验，它除包含检定的所有项目外，还包括其他一些在检定中不进行检定的项目。

3. 校准

校准就是在规定的条件下，为确定测量仪器或测量系统所指示的量值，或实物量具或参考物质所代表的量值，与对应的由标准所复现的量值之间关系的一组操作。

校准是由组织内部或委托其他组织（不一定是法定计量组织），依据可利用的公开出版规范，组织编写的程序或制造厂的技术文件，确定计量器具设备的示值误差，以判定是否符合预期使用要求。校准合格的计量器具一般只能获得本单位的承认。

校准的目的：确定示值误差是否在预期的允许误差范围之内，得出标准值偏差的报告值，可调整测量器具或对示值加以修正，给任何标尺标记赋值或确定其他特性值，给参考物质特性赋值，实现溯源性。

校准的依据是校准规范或校准方法，既可统一规定，也可自行制定。校准的结果记录在校准证书或校准报告中，也可用校准数据或校准曲线等形式表示校准结果。

校准和检定的主要区别如下：

（1）校准不具有法制性，是企业自愿的量值溯源行为，而检定具有法制性，属于法制计量管理范畴的执法行为。

（2）校准主要用来确定测量器具的示值误差，而检定是对测量器具的计量特性及技术要求的全面评定。

（3）校准的依据是校准规范、校准方法，可统一规定也可自行制定，而检定的依据必须是检定规程。

（4）校准不判断测量器具合格与否，但当需要时，可确定测量器具的某一性能是否符合预期的要求，而检定必须依据检定规程对所检测器具给出是否合格的结论。

4. 分项校准

分项校准用误差分析的方法判断被检仪器的符合性。例如，对地面激光扫描仪进行检定时，需要分别对测距部分和测角部分中的仪器本身的系统误差及其他原因引起的系统误差进行校准。为选择恰当的被检分量，需要仔细分析地面激光扫描仪的结构，找出误差源并制定出合适的校准程序与方法。

5. 整体校准

整体校准是与分项校准完全相反的检定方法，它是将地面激光扫描仪作为一个整体，将被检仪器直接与标准器具进行比较测量来获取三维点云数据的改正数。

需要特别指出的是，我国习惯将"分项校准"和"整体校准"称为"分项"和"系统检定"。一般情况下，检测和校准同步进行，称为检校。

（三）扫描仪检测研究概述

到目前为止，对地面三维激光扫描仪的检校研究较多，但没有形成较为成熟的、通用的方法体系。检校模式主要有两种：基于模块的检校模式和基于系统的检校模式。基于模块的检校模式是在对各个系统误差源充分认知的前提下，对每个误差参数用不同方法进行检校，这种检校模式应用得最广；基于系统的检校模式是在对仪器系统误差及其影响不能充分掌握的情况下，通过对控制点或已知目标（球、平面）的合理观测，从整体上获得检校的数学模型。在实际的测量过程中对地面三维激光扫描仪的检校工作非常有必要。检校是检定、检测、校准的统称。

地面三维激光扫描仪本身的精度是制约仪器应用的主要因素，仪器检定与检测方面目前还处于研究阶段，存在的主要问题如下：

1. 仪器参数不统一，指标不一致

目前市场上的三维激光扫描仪多数是国外品牌，国际上对仪器参数的说明无统一标准要求，导致仪器参数的名称与数量存在一定差异。个别指标在名称上一致，但是指标的标准存在不一致，无法进行统一比较。

2. 实际精度与标称精度不一致

当前所有成熟的地面三维激光扫描仪的系统参数都是由厂家给定的，扫描仪的构造、测量技术方法及机械组装等因素的影响，加之扫描仪在长期的使用过程中，部件产生的老化与磨损现象，往往会导致实际精度与标称精度不一致。

3. 国内对仪器检定无国家标准

按照测绘管理相关规定，对测绘工程中使用的仪器要定期检验，只能在有效期内使用。由于三维激光扫描技术在国内还处于初级阶段，多数还是试验研究应用，国家相关部门还未出台仪器检定的国家标准，对仪器在工程项目中的广泛应用造成了一定的障碍。

随着仪器精度的不断提高、工程实践经验的不断丰富，相关部门也将重视地面三维激光扫描仪检定问题，相信未来几年内相关部门会出台仪器检定的国家标准，推动地面三维激光扫描设备列入测绘仪器行列。

（四）点云数据误差来源

地面三维激光扫描仪在数据采集过程中很容易受到外界因素的干扰，这些因素将会在某种程度上影响点云数据的采集质量，对精度产生影响。而错误的数据或误差较大的数据对用户而言是没有意义的，只有获得了满足精度要求的点云数据才能建立精确的实体三维模型，因此对点云进行误差分析是有必要的。

点云数据的误差来源主要包括仪器误差和环境误差。仪器误差也被称为扫描系统

误差,该项误差可分为系统误差和偶然误差。系统误差引起三维激光扫描点的坐标偏差,可以通过公式改正或修正系统予以消除。因此,偶然误差仍是激光扫描系统的主要误差来源。经综合分析,偶然误差包括仪器自身的误差仪器架设产生的误差、数据去噪建模产生的误差、距离误差、植被覆盖处的噪声误差。

地面三维激光扫描系统在扫描过程中,影响最终获取数据精度的误差是多方面的,误差包含粗差、系统误差和随机误差三部分。许多误差来源也是传统测量工作中普遍出现的。例如,激光束发散特性导致在距离扫描测量中的角度定位的不确定、扫描系统各个部件之间的连接误差等,这些不确定性因素都会造成最终的点云数据中含有误差。系统的误差传播同样遵循测量误差传播的基本规律。三维激光扫描系统的误差源可总结为激光扫描仪本身、反射目标及环境条件三个方面。

激光扫描仪本身(称为仪器误差)包括距离测量、激光束的发散角、角度测量、多传感器数据同步、轴系稳定性、校准等。仪器误差可以通过仪器生产厂家来提高产品的质量,计量检定人员采用一定的检定设备进行检查后对仪器进行改善。

反射目标包括大小、表面形状、材质、反射面曲率等。目前反射目标对测量成果的影响,还只能通过了解其影响规律,利用工作经验在实际工作中尽量避免。

大气环境引起的误差源包括温度、气压、折射、大气旋涡、大气灰尘、障碍物、目标的背景等。除了个别误差源(如大气折射)可以进行改正外,其他误差源只能通过仪器使用者本人选择恰当的工作环境和时间来减小其影响。

在仪器的使用过程中,操作人员的个人经验与专业素养也会直接影响到实验数据的质量,如在测量过程中靶标被遮挡,由于疏忽大意造成数据记录错误,测量地点选取不合理等。

(五)误差对精度的影响分析

"三维激光扫描的精度"一般是指扫描点云的坐标精度,它包括绝对定位精度和相对定位精度两种。精度与扫描仪的测程有很大关系。点云的绝对精度与距离测量、垂直角测量和水平角测量的精度有关。

对扫描测量的误差来源对点云数据精度的影响规律,简要分析如下:

1. 仪器误差

(1)角度测量

与传统的经纬仪相似,激光扫描仪的轴系也必须满足以下条件:水平轴(第一旋转轴)应垂直于视准轴(激光束发射与接收轴);水平轴应垂直于垂直轴(第二旋转轴);(带倾斜补偿器的仪器)垂直轴应当铅直;当视准轴水平时,垂直度盘的天顶距读数为90°;视准轴、水平轴及垂直轴相交于仪器中心。

在三维激光扫描仪测角系统中，需要考虑以下误差源：

1）垂直度盘指标差。当视准轴（激光束发射与接收轴）水平时，如果垂直度盘的天顶距读数不为 90°，那么其差值即为垂直度盘指标差。目前，有些三维激光扫描仪带倾斜补偿器，而有些激光扫描仪不带倾斜补偿器，所以不同类型仪器的垂直度盘指标差会有不同的含义。

2）视准轴误差。当水平轴（第一旋转轴）与视准轴（激光束发射与接收轴）不垂直，或者当垂直轴（第二旋转轴）与水平轴（第一旋转轴）不垂直时，这种不垂直的偏差被称为视准轴误差。当存在视准轴误差时，激光扫描仪扫出的扇面将会不同，给后续数据处理带来非常大的麻烦。

3）偏心差。在理想情况下，第一旋转轴和第二旋转轴垂直，同时与视准轴相交，三轴的交点为仪器的中心。但是因为受各种误差的影响，使得上面所述条件不能被满足，从而产生偏心差。

（2）距离测量

1）周期性误差。目前部分激光扫描仪采用相位式进行距离测量。当采用相位式进行距离测量时，测距成果中自然包含周期性误差，这是原理性误差。周期性误差主要由发射及接收之间的电信号、光串扰引起。现代仪器采用了包括数字信号分析在内的多项新技术，从而使周期性误差振幅的幅值越来越小。

2）加常数误差。加常数为电磁波测距仪的固有系统误差，测距仪及全站仪中加常数已经为众多仪器使用者所熟悉。与传统的全站仪相比，激光扫描仪不需要反射棱镜就能够进行距离测量，这样就无法使用反射棱镜的常数来补偿激光器的偏心；激光束经过激光束转向系统转向后再投射到被测物体上，由被测物返回，再由接收光学系统接收，这样必然存在测距起算点的问题。通常情况下是将激光束的发射点以及接收点共同形成的点称作激光扫描仪测距的零点；同时第一旋转轴以及第二旋转轴的交点为三维激光扫描仪的中心。

因此，激光扫描仪的加常数是指测距的起算点与仪器中心之间的差值。

3）相位不均匀性误差。造成相位不均匀性的原因包括仪器使用及性能两个方面：从使用仪器方面来讲，由于反射面将反射回测距激光束的信号，也会给测距成果带来误差。这种因激光束位置不同进行距离测量造成的误差称为相位不均匀性误差。从仪器性能方面来讲，因为发光管的发光面上各点发出的光的延迟不同（针对相位式测距仪而言），或者由于发光面上各点发出的光的时间不一致（就脉冲式测距仪而言），都将会给测距成果带来误差。

4）比例改正误差。无论是采用脉冲法，还是相位法，均需要仪器产生一个基准频率当作仪器距离测量的基准。当基准频率偏离设定值时，则将会对测距结果产生与所测距离成相应比例的改正。

5）幅相误差。三维激光扫描仪与全站仪（免棱镜）的最大区别就是前者无测距信号强度控制装置。随着被测物体的位置、材质、反射面的平整度、离仪器的远近等的变化，激光扫描仪接收到的信号将发生剧烈变化。剧烈变化的测距信号不但会给测距结果带来误差，甚至会出现不能完成测距的后果。因此，幅相误差是三维激光扫描仪技术的难点之一。

2. 外界条件及反射面引起的误差

（1）气象条件的影响

扫描仪所处环境的空气折射率存在不同。人们可通过对观测的距离进行气象改正数计算完成。

（2）激光发散角引起的偏差

激光到达被测目标时光斑的大小带来偏差。同一个点可能因为光斑大小的不同返回多个不同的观测值，无论是光斑的边缘还是中心首先碰触到目标，激光点返回来的值始终是光束中心的角度反算出来的位置点。这个偏差可通过加大采集频率和使用激光发散角较小的设备来减小。

（3）激光束入射角度引起的偏差

当激光束发射投到被测物体表面时，其入射角度是千差万别的。如果激光束垂直射到入射表面，那么激光束在其上形成一个标准的圆形光斑。如果以其他角度投射到入射表面，那么激光束必定形成一个椭圆，这样的偏差可以通过利用所有返回激光束的加权平均进行消除（权指的是，返回激光束的强度）。

（4）"黑洞"现象

如果激光束投射到表面平整的待测物表面，根据镜面反射原理，光束返回方向与法方向的夹角将与入射夹角相同，一般在入射角度极小的情况下，出射角度也非常小。因此，反射光束容易被扫描仪接收到。而当待测物表面粗糙时，会出现"漫反射"现象，此时返回的激光束杂乱无章。在接收返回激光束不足的情况下，扫描仪无法根据少量激光束的数据获得扫描仪至待测物体之间的距离的，如果该距离无法测出，那么它的点云坐标信息自然也就无法获取。这种情况称为"黑洞"现象。

（5）反射面不同引起的偏差

厂家在进行实验时选择的条件无疑是较为理想的状态。其中所选用的待测物体是非常重要的一个环节。所测结果与被测物体的材质、颜色、反射面的光滑度等状态息息相关。

这些条件的不同主要影响测量距离范围及仪器常数。

1）测量距离范围。以日本尼康公司给出的 NPL-821 免棱镜测距模式下测程与反射面之间的关系为例，研究结果表明，它对交通信号灯进行测量时的测距范围最大，达到 800m 左右；对金属钉这种小型物件的测量距离范围则极小，仅为 10m 左右。

2）仪器常数。可以将所有反射物分成五类：自然岩石（如灰色石头）、人工织物（深蓝色羊毛织物）、建筑材料（如光滑木板）、工业产品（如黄色纸张）及其他（如镜面）等五类。不同的反射物对三维激光扫描仪的影响是不同的，利用其与三维激光扫描仪具有相似特性的免棱镜全站仪进行实验，在相距 10m、20m、30m、40m、50m、60m、70m、80m、90m、100m、120m 及 150m 处分别放置免棱镜全站仪和不同的反射物，经过实验分析得出以下结论：测量的距离与反射物的颜色有关系。颜色越浅，反射强度越大，测量的距离越远。

在不同时间对同种材质进行测量时，对距离测量的结果偏差较小，具有较好的复现性。使用不同反射材质进行测量作业时，测量常数的范围一般维持在 60~140mm，超出仪器所标注的误差容许范围。一般情况下，如果使用的是强反射型材质，此时使用免棱镜测量模式已经不再合适。斯蒂尔斯（2007）曾使用镀银的材质进行实验，曾出现过 12mm 的情况。

测量偏差与被测距离之间不存在线性关系。只有严格使用厂家要求的反射材质，才有可能达到仪器出厂的标注精度。

六、地面三维激光扫描技术在测绘领域中的应用

随着地面三维激光扫描技术的快速发展，在传统测绘领域中的应用越来越多，许多学者已经取得了一定的研究成果。本章将简要介绍其在测绘领域中的应用，主要包括地形图测绘、地籍测绘、土方和体积测量、监理测量、变形监测、工程测量。

（一）地形图与地籍测绘

1.地形图测绘应用研究概述

传统的地形图测绘是利用全站仪、GPS 接收机等仪器进行特征点野外采集，根据有限的特征点进行地形图绘制。在自然条件相对复杂的地区，传统的地形图测绘技术测量效率较低，外业测量条件艰苦。三维激光扫描技术的最基本的应用之一就是地形图绘制。与传统的手段相比，它具有高效率、细节丰富、成果形式多样、智能化、兼容性强等优点。与传统的测量方式相比，将三维激光扫描技术应用在大比例尺测图中测量得更快更准确，能够减少工作人员的劳动强度。自三维激光扫描技术进入测绘地理信息领域，一些专家学者就在不断地进行地形图测绘方面的尝试，主要是用于困难区域快速地形图测绘，如铁路快速地形图测绘，主要的应用目的是提高作业效率；油气田老旧站场改扩建地形图测绘，地面三维激光扫描技术体现出了精度高、测量精细、成果形式丰富等特点。另外，地面三维激光扫描技术和无人机激光扫描技术结合用于城区 1∶500 地形图测绘也开始了技术探索，并取得了较好的效益。

尽管地面三维激光扫描技术在地形测绘方面取得了一定的应用成果，但是也存在

一些不足，如硬件设备昂贵、软件不成熟、地物特征点自动半自动化提取效率低等问题。数据采集方面也存在数据不完整性等问题。未来近景摄影测量与地面三维激光扫描技术相结合来解决数据部分缺失问题是一个发展趋势。

2. 地籍测量应用研究概述

地籍测量是地籍调查的一部分工作内容。地籍调查包括土地权属调查和地籍测量。地籍测量是在权属调查的基础上运用测绘科学技术测定界址线的位置、形状、数量、质量，计算面积，绘制地籍图，为土地登记、核发证书提供依据，为地籍管理服务。传统的地籍测量借助全站仪、GPS进行特征点数据采集，劳动强度大、作业效率低。将三维激光扫描技术用于地籍测量，主要是通过三维激光移动测量系统快速完成测区房屋的三维点云数据采集，经过精度验证后，基于高精度的点云数据进行矢量地籍图生产的综合解决方案。

主要工作流程包括外业踏勘、外业数据采集（点云数据采集）、精度验证/纠正、地籍内业成图、地籍外业调绘等步骤。该项技术在地籍测绘中的应用，不仅降低了劳动强度，提高了外业数据的采集效率，还革新了地籍测量的生产工艺。但是，由于激光扫描设备价格昂贵，地面三维激光扫描系统获取地籍测量数据还存在部分数据缺失问题，受点云中地籍要素自动提取效率低、内业数据处理软件还有待改进等因素影响，该项技术在地籍测绘中的应用受到了较大的限制。

（二）土方和体积测量

传统的土方量计算以全站仪、水准测量、GPSRTK等单点量测方法为主，在外业实测离散点的基础上，利用断面法、方格网法、等高线法、平均高程法、不规则三角网法和区域土方量平衡法建立土方量计算模型进行土方量计算。一方面，土方工程表面形状通常具有复杂性，数据采集较为困难，数据采集花费的时间比较长，外业工作人员比较辛苦。另一方面，采用单点量测得到的特征点具有稀疏性，难以全面描述土方工程表面的三维信息，致使单点量测获得的土方计算结果与实际土方量存在差异。三维激光扫描速度、精度及采集点密度高等优点使它可以测量和监测土方填充的体积，如果基准面已知，通过测量新的地形表面，减去它的基准面，就可得到需要填充的土方量，在采矿或采石时，通过三维激光扫描仪可以获得矿的体积。这种技术相对于传统的测量技术，速度快、精度高。

土方测量是项目施工中必须做的工作，近年来地面三维激光扫描仪在这方面的工作取得了一定的应用研究成果，工程的覆盖范围包括机场施工土方计算、矿堆矿方量、滑坡体积、粮仓储存空间、船舶容积、油罐体等。从数据采集技术工艺到数据处理软件的采用、编写等方面都有研究。基本技术流程包括激光扫描数据获取、激光数据预处理、体积求算、精度分析等。目前，多数地面三维激光扫描仪的后处理软件都具有土方量与体积计算的功能，限制其广泛应用的主要原因是仪器价格昂贵、获取扫描数据有时存在一定困难等。随着技术问题的解决和三维激光扫描价格的下降，地面三维激光扫描技术在土方计算方面的推广应用前景广阔。

（三）监理测量

从技术规范上讲，监理测量和施工测量没有太大区别，但两者的功能和目的决定了两者的区别。施工测量侧重于测量的技术职能，而监理测量则更侧重于测量的管理及评价职能。从监理测量的目的来看，监理测量更要把握测量的效率和可靠性的统一。传统的监理测量采用和施工测量同样的技术手段进行抽样测量，利用统计学理论对测量成果进行评价，这样就会产生矛盾，即如果采样不足就会影响成果评价的可靠性，反之就会影响成果评价的效率。这种效率和可靠性的矛盾一直是监理测量的瓶颈。大多数监理单位为配合施工单位的施工进度，往往强调效率，这也为施工安全和质量埋下了隐患。三维激光扫描技术的出现让监理测量看到了曙光，它的高效率和全面的特性能有效解决监理测量中的瓶颈问题。三维激光扫描是真实场景复制，资料具有客观可靠性，可作为施工单位整改的依据。这些特点正是三维激光扫描技术应用到监理测量领域内的基础。

基于地面激光点云的建 / 构筑物施工监测与质量检测技术作为具有很强实用价值的技术已经得到广泛应用，但是仅限于一些典型的建构筑物变形监测案例的辅助手段或者是试验阶段，并没有成为核心技术；在监测特征的提取方面，大多数监测特征需要人工提取，耗时长且精度不易保证，现有自动提取特征算法限于特征及噪声数据干扰，往往不是所需特征；现有的成果数据的分析方法各异，普遍存在自动化程度低、分析成果形式多样的问题。

总体来说，当前基于地面激光点云的监测技术自动化程度低，数据处理耗时较长，缺乏成型的系统理论和规范标准的指引。在该技术领域发展中，需要进一步研究结合少量控制点的针对性快速自动配准算法，对配准算法的收敛速度、可靠性和稳定性做进一步的研究；研究对监测特征或特定监测目标的半自动或自动提取算法进行改进，并且结合先验知识充分挖掘点云中所包含的几何特征，以提高特征提取精度；针对一般成果分析方法，在保证精度要求的前提下，需要探索规范的流程及分析方法，并制定出相关标准、规范及工法，推动该技术在建 / 构筑物变形监测领域广泛应用并实现技术规范化。

（四）变形监测

自然界中由于变形造成的灾害现象很普遍，如地震、滑坡、岩崩、地表沉陷、火山爆发、溃坝、桥梁与建筑物的倒塌等。传统的变形测量方式是在进行变形监测时，在变形体上布设监测点，而且点数有限，从这些点的两期测量的坐标之差获得变形数据，精度很高（一般可以到毫米级）。但从有限的点数所得到的信息也有限，不足以体现整个变形体的实际情况。

而地面三维激光扫描仪可以以均匀的精度进行高密度的测量，测量的数据可以获得更多的信息。与基于全站仪或 GPS 的变形监测相比，其数据采集效率较高，而且采样点数要多得多，形成了一个基于三维数据点的离散三维模型数据场，这样能有效避免以往基于变形监测点数据的应力应变分析结果中所带有的片面性（以点代替面的分析方法的局限性）；与基于近景摄影测量的变形监测相比，它无法像近景摄影测量那样能形成基于光线的连续三维模型数据场，但它比近景摄影测量具有更高的工作效率，并且其后续数据处理也更为容易，能快速准确地生成监测对象的三维数据模型。

变形监测的最大特点是精度要求较高，因此，能否应用三维激光扫描技术进行变形监测主要取决于三维激光扫描仪的测量精度是否能够达到工程要求。此外，三维激光扫描设备昂贵、后处理软件不成熟以及缺乏相应的标准规范等因素也限制了其在变形监测领域的应用。但随着技术的进步，三维激光扫描技术的优势会让其在变形监测领域有广阔的应用前景。

将地面三维激光扫描技术应用于工程项目的变形监测方面，一些学者进行了应用研究，成果主要体现在以下四个方面：

1. 建筑物变形监测

应用研究的重点集中在异型建筑物变形方面，还有古建筑变形监测的研究（如北京市大钟寺工程、苏州虎丘塔），都取得了较好的效果。

2. 桥梁变形监测

对桥梁变形监测，已经从过去的技术可行性研究方面，逐步过渡到后处理方法的研究，例如，对不同桥梁状态数据采集后的点云数据进行自动化对比，提取出变形区域。

3. 隧道变形监测

目前已有学者提出了基于激光扫描技术的隧道变形分析方法，如断面分析法、基于点云根据曲线拟合的隧道面自动提取方法等，重点已经集中到了数据处理方法的效率方面，并取得了较好的效果。

4. 地表形变监测

代表性的应用研究集中在数据后处理方面，如在点云数据基础上，生成 DEM 或直接进行对比，并对不同的方法带来的结果进行对比分析，探索更为有效的地表变形分析方法。

（五）工程测量

工程测量包括在工程建设勘测、设计、施工和管理阶段所进行的各种测量工作，是直接为各项建设项目的勘测、设计、施工、安装、竣工、监测以及营运管理等一系列工序服务的。一些学者对地面三维激光扫描技术在工程测量方面的应用进行了研究，成果主要包括以下四个方面：

1. 隧道工程方面

其包括地铁隧道断面测量、断面测量数据自动提取等，提高了隧道测量的效率。

2. 道路工程方面

其主要是用于提高传统道路工程检测效率、路面坑槽多维度指标检测，以及结合车载移动测量进行道路工程的数据采集。

3. 竣工测量方面

其主要是各类工程的三维竣工方面，有地铁竣工、城市建筑竣工、轨道交通竣工等。主要是技术流程和精度分析方面的应用，体现了激光扫描数据的细节丰富、高精度、三维等特性。

4. 输电线路方面

其主要有输电线的安全分析、特高压输电线测绘，以及输电线三维可视化方面的研究，体现了三维激光扫描技术的三维、高效等特性。

由于仪器设备昂贵、后处理软件效率低等原因，目前工程测量方面应用的普及率还有待提高。

第三节 机载激光雷达测量技术与应用

机载激光雷达测量系统是近年来逐步广泛应用的一种新型传感技术。目前激光雷达数据主要应用于基础测绘、城市三维建模和林业、铁路、电力行业等。作为精确、快速地获取地面三维数据的工具，它已得到广泛的认同。本章简要介绍机载激光雷达测量技术，机载激光雷达系统结构与作业流程以及应用领域和无人机载激光雷达技术与应用。

一、机载激光雷达测量技术简介

机载激光雷达（LiDAR）是一种新型主动式航空传感器，通过集成定姿定位系统（POS）和激光测距仪，直接获取观测点的三维地理坐标。按其功能主要分为两大类：一类是测深机载 LiDAR（或称海测型 LiDAR），主要用于海底地形测量；另一类是地形测量机载 LiDAR（或称陆测型 LiDAR），正广泛应用于各个领域，在高精度三维地形数据【数字高程模型（DEM）】的快速、准确提取方面，具有传统手段不可替代的独特优势。对一些测图困难区的高精度 DEM 数据的获取，如植被覆盖区、海岸带、岛礁地区、沙漠地区等，LiDAR 的技术优势更为明显。

1.技术发展概述

20世纪80年代，德国斯图加特大学遥感学院进行了首次机载LiDAR的实验，成功研制出机载激光扫描地形断面测量系统，结果显示其在地形图测量及制图方面有巨大的潜力；在此期间，德国的另外一所高校汉诺威大学制图与地理信息学院也在对建筑物自动提取及建筑物重建等方向做出了相关研究。20世纪80年代末，荷兰代尔夫特技术大学在植被及房屋等土木结构的分析、识别、编码等方向取得了较好的研究成果。1993年，全球第一个机载LiDAR样机由TopScan和Optech公司合作完成，标志着LiDAR硬件技术的成熟。1998年，加拿大卡尔加里大学通过将多种测量设备、数据分析设备、通信设备进行集成，并且将这个较为完备的系统进行了较大规模的试验，取得了令人满意的结果，真正地研制出三维数据获取系统。20世纪末，日本东京大学在亚洲率先进行了基于地面的较为固定的LiDAR系统试验。随后，欧美各国投入大量的人力、财力进行相关技术的研究，目前投入商业生产的LiDAR有德国的ICI和TopScan公司、奥地利的RIEGL公司、加拿大的Optech公司等推出的LiDAR，全球知名的瑞士Leica公司也推出了机载激光扫描测高仪。

相比之下，国内不管是对机载激光雷达技术的研究，还是硬件系统的研究制造，都起步较晚。20世纪90年代中期，中科院遥感应用所教授李树楷等人进行了相关研究，虽然取得了一定的进展，但技术还不够完善，未能投入使用。

武汉大学、中国测绘科学研究院和中国科学院对地观测与数字地球科学中心等单位均引进了机载LiDAR系统，在基础地理信息快速采集、海岛礁地形测绘以及流域生态水文遥感监测等领域发挥了重大作用。北京星天地信息科技有限公司、广西桂能信息工程有限公司以及广州建通测绘有限公司也购置了高性能的机载LiDAR系统，应用于高速公路路线勘测、输电线路优化以及智能城市三维重建等领域的工程。

2.机载激光雷达技术的特点

（1）精度高。机载激光雷达系统数据采集的平面精度可达0.15m，高程精度可达厘米级。机载激光雷达系统采集的数据密度高，激光点云数据密集，每平方米可达100个激光点以上。

（2）效率高。飞行方案的设计以及后期的产品制作大多由软件自动完成。从前期数据的获取到后期数据成果的生成，整个过程快速高效。

（3）机载激光雷达数据产品丰富，产品包含激光点云数据、波形文件、数码航空影像、数字地表模型、数字高程模型、数字正射影像等。

（4）激光穿透能力强。雷达发射的激光有较强的穿透能力，对高密度植被覆盖地区，激光良好的单向性使之能从狭小的缝隙穿过，到达地表能够获取更高精度的地形表面数据。

（5）主动测量方式。雷达技术以主动测量方式采用激光测距，不依赖自然光，不受阴影和太阳高度角的影响。

（6）便捷，人工野外作业量很少。与传统航测相比，机载激光雷达技术的地面控制工作量大大减少，只需在测区附近地面已知点上安置一台或几台 GPS 基准站即可，可以大大提高作业效率。

（7）机载激光雷达系统可以对危险及困难地区实施远距离和高精度的三维测量，减少测量人员的人身危险。

二、机载激光雷达系统结构

1. 机载激光雷达系统的组成

机载激光雷达系统主要由飞行平台、激光扫描仪、定位于惯性测量单元、控制单元四个部分组成。其中，机载激光雷达一般搭载在直升机或者无人机等飞行平台上，由差分全球定位系统（GPS）和惯性导航系统（INS）组成的惯性测量单元负责姿态调整和航线优化。控制单元作为该系统最重要的组成部分，主要负责系统同步工作。

2. 机载激光雷达系统功能

（1）动态差分 GPS 系统

全球定位系统（GPS）能为遥感和 GIS 的动态空间应用提供很好的服务，主要得益于它能全天候地提供地球上任意一点的精确三维坐标。机载 LiDAR 系统采用动态差分 GPS 系统，该系统定位的精度很高，其主要功能如下：

1）当机载激光雷达扫描中心像元成像时，动态差分 GPS 系统会给出光学系统投影中心的坐标值。

2）为了辅助提高姿态测量装置测定姿态角的精度，动态差分 GPS 提供姿态测量装置数据，从而生成 INS/GPS 复合姿态测量装置。

3）动态差分 GPS 系统可提供导航控制数据，使飞机能沿着飞行航线高精度地飞行。

（2）激光测距系统

激光测距技术在传统常规测量时期就扮演着非常重要的角色。最早的激光脉冲系统是美国在 20 世纪 60 年代发展起来用于跟踪卫星轨道位置的。当时的测距精度只有几米。依据不同的用途和设计思想，激光测距的光学参数也有所不同，主要表现为波长、功率、脉冲频率等参数的区别。目前，主流商用机载 LiDAR 系统采用的工作原理主要包括激光相位差测距、脉冲测时测距以及变频激光测距，其中前两种较为普遍。激光相位差测距是利用无线电波段的频率，对激光束进行幅度调制并测定调制光往返测线一次所产生的相位延迟，再根据调制光的波长，换算为此相位延迟所代表的距离。连续波相位式的优势是测距精度高，但工作距离受到激光发射频率限制，且被测目标必须是合作目标（如反射棱镜、反射标靶等）。而脉冲式测量的优势在于测试距离远，信号处理简单，被测目标可以是非合作的。但其测量精度会受到多种因素（如气溶胶、大气折射率等）影响，作用距离可达数百米至数十千米。目前，大多数系统采用脉冲式测量原理，即通过量测激光从发射器到目标再返回接收设备所经历的时间，来计算目标与激光发射器之间的距离。激光雷达测距系统的接收装置可记录一个单发射脉冲返回的首回波、中间多个回波与最后回波（有的设备可以接收全波形回波），通过对每个回波时刻记录，可同时获得多个距离（高程）测量值。

（3）惯性导航系统

惯性导航系统是机载 LiDAR 的重要组成部分，负责提供飞行载体的瞬时姿态参数，包括俯仰角、侧滚角和航向角三个重要姿态角参数，以及飞行平台的加速度。姿态角参数的精度，对能否获得高精度的激光脚点位置坐标起着关键作用。但惯性导航系统在获取参数数据时，会随着时间的推移导致收集的数据精度降低。动态差分 GPS 系统定位采集的数据精度较高，且误差不会随着工作时间的推移而加大。为了使两种数据采集系统的优势互补，可将两个系统采集的数据进行信息综合处理。

（4）飞行搭载平台

搭载机载激光雷达设备的飞行平台主要是固定翼飞机、直升机，近年来也开展了一些以无人机为飞行平台的研究。选取固定翼飞机作为飞行搭载平台时，要求飞机的爬升性能好、转弯半径小、操纵灵活、低空和超低空飞行性能好，具有较高的稳定性和较长的续航能力。

三、机载激光雷达测量作业流程

机载激光雷达测量的作业流程主要包含飞行计划的制订、外业数据采集和内业数据处理三个步骤。

飞行计划需要制订的是模式、海拔、扫描频率、扫描角、飞行速度、飞行航线、飞行高度、镜头焦距、快门速度、曝光频率。

数据的采集分为地面操作与机上的操作。地面的操作主要是记录 DGPS 基站的数据，机上的操作包括记录位置与姿态数据、GPS 数据、惯性测量单元（IMU）数据、事件标识数据、激光数据、距离、扫描角、强度、时间码信息、Photo ID 文件、原始 RAW 文件。

激光雷达数据的处理在常规的处理流程中可以划分为"预处理"与"后处理"。预处理一般是指数据采集完之后到三维激光点云 LAS 数据生成之间的处理过程，后面的处理统称为后处理。

四、机载激光雷达的应用领域

1. 电力选线工程

在传统电力线路工程勘测设计中，多采取工程测量和航空摄影测量的方法。工程测量方法测量的地面信息精度高，但外业工作量大，测量的工期长，不利于勘测设计的一体化与优化设计。利用传统航空摄影测量进行电力线路勘测设计，不仅需要进行大量的 GPS 外控点测量，还需要进行大量的野外调绘工作，航测的内业时间长，勘测设计的成本很高，工期偏长。另外，传统的航空摄影测量在测量植被覆盖的隐秘地区时，高程精度很低。传统的航空摄影测量方法不能生成准确的塔基断面图。所以，采用传统测量技术进行电力线路工程勘测设计，获得的勘测成品精度较低，内、外业工作量大，勘测设计工期长，不利于勘测设计优化，不利于降低工程投资。利用 LiDAR 技术进行电力线路的勘测设计具有很大的优越性。LiDAR 技术只要做少量的 GPS 控制点和少量的调绘工作，缩短了勘测设计的工期，减少了勘测设计的成本，LiDAR 技术的激光能穿透植被，得到地面的数据，这样就能进行被遮掩地带的测量。处理完 LiDAR 数据后，可生成正射影像图，进而生成带电力线路路径的三维数字地面模型图，可以在模型图上进行线路路径选择。确定了线路路径后，可以生成线路平断面图，再生成塔基断面图，便可进行一次性勘测设计，从而实现勘测设计一体化，大大缩短了勘测设计的周期，降低了勘测设计成本，并且能进行优化设计，节省工程投资。

在滇西北至广东 800kV 特高压直流输电线路工程中，线路沿线区域以高山地为主，间有部分丘陵和泥沼，且森林茂密，地形条件复杂，勘测设计难度很大。工程采用德国 TopoSys 公司的 HARRIER56 机载激光测量系统获取相应数据，利用"DEM 叠合 DOM 技术"生成大场景三维模型，对招标路径进行了局部优化。实践证明，将机载激光雷达技术应用于输电线路优化设计具有先进性，有效提高了输电线路的设计深度和质量，并优化了工程建设投资预算。随着机载激光雷达技术的迅速发展，它将在输电线路的路径优化中发挥更大的作用，并给输电线路的设计、施工和运行带来革命性的变化。

2. 城市三维建模

近年来，数字城市建设进行得如火如荼，三维地理信息逐渐代替二维地理信息成为数字城市建设的主要内容，三维地理信息获取作为数字城市建设工作的基础显得尤为重要。传统的测量手段已经跟不上城市建设的步伐，而三维激光扫描仪的出现为准确快速地获取城市地理信息提供了保证。

在数字城市建设中，激光雷达技术主要应用于以下领域：基于三维点云数据快速提取建筑物模型，获取城市的三维信息数据，城市的整体规划设计；旧城改造过程中，建筑物以及土地资源的监测；灾害应急的分析等。

随着城镇化工作的不断推进，城市发展逐步凸显很多问题。智慧城市涵盖了城市规划、市政建设、交通设施、公共服务、动态监测、政府决策、民生环保等几乎所有城市部件系统，对信息的获取和整合提出了新的挑战。移动三维激光测量技术是最近几年出现的先进的三维基础数据获取手段，它能够快速、高效地得到城市各种信息，帮助智慧城市各种决策的形成和实施。

传统的城市规划与设计是通过规划设计平面图、效果图以及沙盘模型等方式来展示设计成果。LiDAR 系统的应用使各种规划设计方案定位于虚拟的三维现实环境当中，用动态交互的方式对其进行全方位的审视，评价其对现实环境的影响。以此评价空间设计规划的合理性，在降低设计成本的同时，还能提高规划效率及改善规划效果。

机载三维激光雷达技术具有高精度、高密集度、快速、低成本获取地面三维数据等优势，其必将成为空间数据获取的一种重要技术手段。随着其数据处理技术以及相关行业应用平台的逐步成熟，机载三维激光雷达系统必将拥有广阔的应用前景。

3. 公路选线

从 20 世纪 80 年代开始，中国公路建设进入快速发展时期，公路的勘察设计工作也逐年增加。我国正在不断地提高高速公路覆盖率。平原、植被等地形较为简单的地区高速路网较为完善，线路勘测难度较小，而在山区、植被覆盖比较密集的区域，公路勘测的难度较大，勘测速度有所减慢。传统的公路勘测主要是采用常规测量仪器，如全站仪、水准仪、GPSRTK 等，但是这些方法作业效率低下，受地形、天气的影响较大。另外，测量精度在地形复杂地区并不能满足公路设计的要求。在公路勘测速度和精度要求越来越高的形势之下只能改进测量方法，机载激光雷达测量就是其中之一。

机载激光雷达设备具有快速获取高精度三维空间数据和高清晰数码影像数据的优势。从数据源角度着手，采用三维可视化技术对公路建设过程进行全流程数字化管理，可以有效地缩短建设周期、提高效率和节省工程造价，并且为公路建成后的数字化管理奠定坚实的基础。

机载三维激光雷达技术目前在国内有很多成功的案例，如文莱高速的勘测。文莱高速公路西起山东省烟台市莱阳市，东至山东省威海市文登区，东接荣文高速公路，向西经文登、乳山、海阳和莱阳等 4 县市，横贯胶东半岛中部腹地，在莱阳与潍莱高速公路对接，主线长 133.9km，比较线长约为 70km。沿线地形以山地和丘陵为主，地形复杂，植被较为茂密，此段高速公路勘测采用了机载激光雷达技术。项目使用的是加拿大 Optech 公司生产的 ALTM Orion H300 型机载激光雷达设备。考虑到 IMU 的误差累计，为了保证点云的精度，在进行航线设计时，将测区划分为 3 个飞行区，每个区均架设地面基站，用于解算机载 GPS/IMU 数据。项目共飞行 3 个架次，飞行相对高度为 1700m，扫描开为全角 50°，激光点旁向重叠度不低于 50%，激光发射频率为

150kHz，激光发射头扫描频率为 40Hz，点云密度为 1.3 点 /m，每个架次设计一条构架航线，航高全部保持一致。

吉林省交通规划设计院在辉南至白山高速公路项目中首次采用机载雷达技术获取基础地理信息，然后用全站仪、GPSRTK 对机载雷达数据产品精度进行全面检测试验，最终实践证明机载激光雷达以其穿透力强、测点密度大、精度和效率高等在数字地形模型（DTM）测量方面的独具优势，可广泛应用于北方地区的基础测绘，在公路三维测摄中具有非常广泛的应用空间、应用前景和研究试验价值。

4. 文物古迹保护

文物古迹象征着灿烂的历史成就，象征着古代中华民族的伟大创造，同时也是一种文明的载体，是人们思想和精神的寄托。通过对文物古迹的研究，我们可以理解内容丰富的文化历史。在一定程度上，它们象征着某个地区的独特文化，在一定程度上反映了这个地区几千年朝代的变更和文化的传承，这些文物古迹一旦被破坏，就很难得到恢复。随着计算机技术的飞速发展，对文物古迹进行数字化成为可能。文物古迹数字化是指采用诸如扫描、摄影、数字化编辑、三维动画、虚拟现实以及网络等数字化手段对文物进行加工处理，实现文物古迹的保存、再现和传播。与具体实物的唯一性、不可共享性和不可再生性相比，数字化的文物信息是无限的、可共享的和可再生的。

在现代考古工作中，通常采用人工描述、皮尺丈量或相机拍摄等手段来记录考古信息，这不仅严重依赖测绘人员的个人经验和临场判断能力，而且往往会受地表附着物、地表地质体等的影响，很难直接通过这些数据提取出文物古迹的内在信息和真实的几何特征。而采用机载激光雷达测量系统，可以以非接触形式直接进行快速、高精度的数字化扫描测绘，最大限度地减少对文物古迹的不必要的人为破坏。高精度、高分辨率的数字化成果可以作为真实文物的副本保存，为文物的保护研究建立完整、准确、永久的数字化档案。

5. 林业资源勘查

森林占地球表面积的 9.4%，其不仅有丰富的资源储备，并且对维持生态系统的多样性和可持续发展有着不可替代的作用，所以对森林资源的动态变化信息的研究十分重要。传统的森林参数测计方法存在诸多缺陷，费时费力且无法研究大范围或区域性森林参数，而 LiDAR 技术的出现改善了这一现象。

19 世纪 80 年代，LiDAR 首次应用于森林参数的获取，随后美国和加拿大的学者从实验中得出了激光雷达数据具有极大的可能性进行森林测计参数估测和地形测绘。实验结果表明，激光雷达系统可遥感森林垂直结构参数并估测树木高度，采用多元回归分析的方法反演原始热带森林生物量和蓄积量，并得出其模型具有较好的决定系数，利用 LiDAR 数据进行林分水平的森林平均树高测定，获得了较高精度。目前，机载 LiDAR 在林业中的应用日益增多，机载 LiDAR 点云数据在提取林木垂直结构参数及树高方面的优势日益凸显，通过提取树木分位数高度结合实测数据以估测森林测计参数的研究较多，且效果较好。目前，基于多数据融合进行林业信息的研究也成为一个主要的发展趋势，其相较于单纯地使用点云数据估测精度更高。激光雷达数据估测森林参数算法的不断提出和更新，也极大地推动了 LiDAR 在林业中的应用。

LiDAR 技术相较于传统遥感技术，其在林业中的应用更加灵活，并越来越多地被用于生态领域，通过将其他光学遥感数据与激光雷达数据相结合，森林资源调查将会更加深入，调查的效率和精度也会得到大幅度提高。随着 LiDAR 系统传感器的不断进步，可获取的点云数据密度不断增加，LiDAR 数据将在生产生活中提供更为多元化的测量信息，地基激光雷达将逐步推广应用于林业中，这为森林测计参数提供了更加有力的辅助条件及数据支撑。随着科学技术的进步，将实现 LiDAR 在密集林区高精度、大范围的应用。

6. 油气勘探

烃类气体是油气田油气微渗漏的主要指示性气体，在油气藏上方的近地表处，存在许多可用现有遥感手段捕捉到的烃类物质微渗漏异常信息，也存在着因油气压造成的烃类气体扩散异常现象。利用遥感直接探测油气藏上方的烃类气体异常，是一种直接而快捷的油气勘查方法，所采用的遥感技术是目前已用于大气监测、气体化学分析等方面的激光雷达技术。由于激光雷达是激光技术与雷达技术相结合的产物，激光器的工作波长范围广，单色性好，而且激光是定向辐射，具有准直性好，测量灵敏度高等优点，因此其在遥感方面远优于其他传感器。

7. 水利工程

水乃生命之源，是人类生产和生活必不可少的宝贵资源。防洪、除涝、灌溉、发电、供水、围垦、水土保持、移民、水资源保护等工程都属于水利工程的范畴。水利工程具有系统性和综合性强、对环境影响大、工作条件复杂、规模大等特点。水电工程是水利工程的典型应用，其应用尤为突出。

随着中国经济的高速发展，整个社会对能源，尤其是电能的需求越来越大。水电由于具有成本低、污染小、可持续发展的优势，目前是国际能源安全战略中的开发重点，目前我国水电开发区域主要集中在西南地区的四川、云南、西藏等省、自治区的高山峡谷区域，这些区域山高坡陡、河谷狭窄、植被茂密、气候条件复杂、交通通信不便，同时水电工程要求的测绘精度比较高，绝大部分要求 1/2 000 精度，部分要求 1/500、1/1 000 精度的成果。由于此类区域环境的特殊性和复杂性，使得传统测绘手段无计可施，在这种条件下使用机载激光雷达进行水电测绘是唯一有效的技术手段。机载激光雷达相比其他遥感技术，具有自动化程度高、受天气影响小、数据生产周期短、精度高等技术特点，是目前最先进的能实时获取地形表面三维空间信息和影像的航空遥感系统。

　　四川中水成勘院测绘工程有限公司在我国西部某水利工程项目中采用了加拿大Optech 公司的 ALTM Galaxy 机载激光雷达系统，根据测区条件和机载及地面 GPS 数据采集的需要，该项目地面设置了控制整个测区的四个 B 级精度的 GPS 基站，数据采集严格按设计的系统参数进行，主要获取该项目区域内的激光测距数据、机载 POS 数据、影像数据、影响曝光时刻文件、地面 GPS 基站观测数据等，共进行了三个架次飞行，数据质量良好。实践证明，机载激光雷达测量技术在克服植被对地表数据采集的影响、克服高山区摄影阴影和峡谷区域信息采集丢失的影响、减轻数据采集难度、降低工作成本以及提高信息采集效率等方面具有独特的优势，充分体现了机载激光雷达测量技术在快速采集高精度测绘数据，特别是类似我国西南水利水电工程建设等比较困难区域的数据采集方面，将成为一种非常重要而有效的测绘技术。

第五章　工程地质测绘

第一节　准备工作

一、资料搜集与研究

资料搜集与研究指的是在室内查阅已有的资料，如区域地质资料（区域地质图、地貌图、构造地质图、地质剖面图及其文字说明）、遥感资料、气象资料、水文资料、地震资料、水文地质资料、工程地质资料及建筑经验资料，并依据研究成果制订测绘计划。

工程地质测绘和调查，包括下列内容：

1. 查明地形、地貌特征及其与地层、构造、不良地质作用的关系，划分地貌单元。

2. 岩土的年代、成因性质、厚度和分布；对岩层应鉴定其风化程度，对土层应区分新近沉积土、各种特殊性土。

3. 查明岩体结构类型，各类结构面（尤其是软弱结构面）的产状和性质，岩、土接触面和软弱夹层的特性等；新构造活动的形迹及其与地震活动的关系。

4. 查明地下水的类型、补给来源、排泄条件，井泉位置，含水层的岩性特征、埋藏深度、水位变化、污染情况及其与地表水体之间的关系。

5. 搜集气象、水文、植被、土的标准冻结深度等资料，调查最高洪水位及其发生时间、淹没范围。

6. 查明岩溶、土洞、滑坡、崩塌、泥石流、冲沟、地面沉降、断裂、地震灾害、地裂缝，岸边冲刷等不良地质作用的形成、分布、形态、规模、发育程度及其对工程建设的影响。

7. 调查人类活动对场地稳定性的影响，包括人工洞穴、地下采空、大挖大填、抽水排水和水库触发地震等。

8. 建筑物的变形和工程经验。

二、现场踏勘

现场踏勘是在搜集研究资料的基础上开展的，其目的在于了解测绘区地质情况和问题，以便合理布置观察点和观察路线，正确选择实测地质剖面位置，拟定野外工作方法。踏勘的方法和内容如下：

1. 根据地形图，在工作区范围内按固定路线进行踏勘，一般采用"Z"字形模式，曲折迂回而不重复的路线，穿越地形地貌、地层、构造、不良地质现象等有代表性的地段。

2. 为了了解全区的岩层情况，在踏勘时选择露头良好且岩层完整有代表性的地段做出野外地质剖面，以便熟悉地质情况和掌握地区岩层的分布特征。

3. 确定地形控制点的位置，并抄录坐标、标高资料。

4. 询问和搜集洪水及其淹没范围等情况。

5. 了解工作区的供应、经济、气候、住宿及交通运输条件。

三、编制测绘纲要

测绘纲要一般包括在勘察纲要内，其内容主要包括以下几个方面：

1. 工作任务情况（目的、要求、测绘面积及比例尺）。

2. 工作区自然地理条件（位置、交通、水文、气象、地形、地貌特征）。

3. 工作区地质概况（地层、岩性、构造、地下水、不良地质现象）。

4. 工作量、工作方法及精度要求。

5. 人员组织及经济预算。

6. 与材料物资器材有关的相关计划。

7. 工作计划及工作步骤。

8. 要求提出的各种资料、图件。

第二节 工程地质测绘内容

一、测绘范围和比例尺

（一）工程地质测绘范围的确定

工程地质测绘一般不像普通地质测绘那样按照图幅逐步完成，而是根据规划和设计建筑物的要求在与该工程活动有关的范围内进行。测绘范围大一些，就能观察到更多的露头和剖面，更有利于了解区域观察地质条件，但是增大了测绘工作量；如果测绘范围过小，则不能查明工程地质条件以满足建筑物的要求。选择测绘范围的根据一是拟建建筑物的类型及规模和设计阶段；二是区域工程地质的复杂程度和研究程度。

建筑物类型不同，规模大小不同，则它与自然环境相互作用影响的范围、规模和强度也不同。选择测绘范围时，首先要考虑这一点。例如，大型水工建筑物的兴建，将引起极大范围内的自然条件产生变化，这些变化会引起各种作用于建筑物的工程地质问题，因此，测绘的范围必须扩展到足够大，才能查清工程地质条件，解决有关的工程地质问题。如果建筑物为一般的房屋建筑，区域内没有对建筑物安全产生危害的地质作用，则测绘的范围就不需很大。在建筑物规划和设计的开始阶段为了选择建筑地区或建筑地，可能方案往往很多，相互之间又有一定的距离，测绘的范围应把这些方案的有关地区都包括在内，因而测绘范围很大。但到了具体建筑物场地选定后，特别是建筑物的后期设计阶段，就只需要在已选工作区的较小范围内进行较大比例尺的工程地质测绘。可见，工程地质测绘的范围是随着建筑物设计阶段的发展而减小的。

工程地质条件复杂，研究程度差，工程地质测绘范围就大。分析工程地质条件的复杂程度必须分清两种情况：一种是工作区内工程地质条件非常复杂，如构造变化剧烈，断裂很发育或者岩溶、滑坡、泥石流等物理地质作用很强烈；另一种是工作区内的地质结构并不复杂，但在邻近地区有可能产生威胁建筑物安全的物理地质作用的资源地，如泥石流的形成区、强烈地震的发展断裂等。这两种情况都直接影响到建筑物的安全，若仅在工作区内进行工程地质测绘则后者是不能被查明的，因此必须根据具体情况适当扩大工程地质测绘的范围。

在工作区或邻近地区内如已有其他地质研究所得的资料，则应搜集和运用它们；如果工作区及其周围较大范围内的地质构造已经查明，那么只要分析、验证它们，必要时补充主题研究它们就行了；如果区域地质研究程度很差，则大范围的工程地质测绘工作就必须提上日程。

（二）工程地质测绘比例尺的确定

工程地质测绘的比例尺主要取决于设计要求，在工程设计的初期阶段属于规划选点性质，往往有若干个比较方案，测绘范围较大，而对工程地质条件研究的详细程度要求不高，所以工程地质测绘所采用的比例尺一般较小。随着建筑物设计阶段的发展，建筑物的位置会更具体，研究范围随之缩小，对工程地质条件研究的详细程度要求亦随之提高，工程地质测绘的比例尺也就会逐渐加大。而在同一设计阶段内，比例尺的选择又取决于建筑物的类型、规模和工程地质条件的复杂程度。建筑物的规模大、工程地质条件复杂，所采用的比例尺就大。正确选择工程地质测绘比例尺的原则是：测绘所得到的成果既要满足工程建设的要求，又要尽量节省测绘工作量。

工程地质测绘采用的比例尺有以下几种：

1. 踏勘及路线测绘

比例尺 1:20 万 ~1:10 万，在各种工程的最初勘察阶段多采用这种比例尺进行地质测绘，以了解区域工程地质条件概况，初步估计其对建筑物的影响，为进一步勘察工作的设计奠定基础。

2. 小比例尺面积测绘

比例尺 1:10 万 ~1:5 万，主要用于各类建筑物的初期设计阶段，以查明规划区的工作地质条件，初步分析区域稳定性等主要工程地质问题，为合理选择工作区提供工程地质资料。

3. 中比例尺面积测绘

比例尺 1:2.5 万 ~1:1 万，主要用于建筑物初步设计阶段的工程地质勘察，以查明工作区的工程地质条件，为合理选择建筑物并初步确定建筑物的类型和结构提供地质资料。

4. 大比例尺面积测绘

比例尺 1:5 000~1:1 000 或更大，一般在建筑场地选定以后才进行大比例尺的工程地质测绘，以便能准确查明场地的工程地质条件。

二、测绘的精度要求

工程地质测绘的精度指在工程地质测绘中对地质现象观察描述的详细程度，以及工程地质条件各因素在工程地质图上反映的详细程度。为了保障工程地质图的质量，工程地质测绘的精度必须与工程地质图的比例尺相适应。

观察描述的详细程度是由各单位测绘面积上观察点的数量和观察线的长度来控制的。通常不论比例尺多大，一般都以图上的距离为 2~5cm 时没一个观察点来控制，比例尺增大，实际面积的观察点数就增多。当天然露头不足时，必须采用人工露头进行补充。因此，在大比例尺测绘时，常需配有剥土、探槽、试坑等坑探工程。观察点的分布一般不是均匀的，工程地质条件复杂的地段多一些，简单的地段少一些，应布置在工程地质条件的关键位置。

布置观察点的同时，还要采取一定数量的原位测试和扰动的岩土样及水样进行控制，以提供岩土工程参数。

为了保证工程地质图的详细程度，还要求工程地质条件各因素的单元划分与图的比例尺相适应，一般规定岩层厚度在图上的最小投影宽度大于 2mm 者应按比例尺反映在图上。厚度或宽度小于 2mm 的重要工程地质单元（如软弱夹层、能反映构造特征的标志层）、重要的物理地质现象等，则应采用比例尺或符号的办法在图上标示出来。

为了保证图的精度，还必须保证图上的各种界线准确无误，因为任何比例尺的图上界线误差不得超过 0.5mm，所以在大比例尺的工程地质测绘中要采用仪器定位。

三、测绘方法

（一）建立坐标系统

一个完整的坐标系统是由坐标系和基准两个要素构成的。坐标系指的是描述空间位置的表达形式，而基准指的是为描述空间位置而定义的一系列点、线、面。正如前面所提及的，所谓坐标系指的是描述空间位置的表达形式，即采用什么方法来表示空间位置。人们为了描述空间位置，尝试了多种方法，从而也产生了不同的坐标系，如直角坐标系、极坐标系等。在测量中，常用的坐标系有以下几种：

1. 空间直角坐标系的坐标系原点位于参考椭球的中心，Z 轴指向参考椭球的北极，X 轴指向起始子午面与赤道的交点，Y 轴位于赤道面上，且按右手系与 X 轴呈 90° 夹角。某点在空间中的坐标，可用该点在此坐标系的各个坐标轴上的投影来表示。

2. 空间大地坐标系是通过大地经度（L）、大地纬度（B）和大地高（H）来描述空间位置的。纬度是空间的点和参考椭球面的法线与赤道面的夹角，经度是空间中的点和参考椭球的自转轴所在的面与参考椭球的起始子午面的夹角，大地高是空间点沿参考椭球的法线方向到参考椭球面的距离。

3. 平面直角坐标系是利用投影变换，将空间坐标（空间直角坐标或空间大地坐标）通过某种数学变换映射到平面上，这种变换又称为投影变换。投影变换的方法有很多，如 UTM 投影等，在中国采用的是高斯 – 克吕格投影，也称为高斯投影。

1954 年，北京坐标系成为中国当时广泛采用的大地测量坐标系。该坐标系源自苏联采用过的 1942 年普尔科沃坐标系。在苏联专家的建议下，中国根据当时的具体情况，建立起了全国统一的 1954 年北京坐标系。该坐标系采用的参考椭球是克拉索夫斯基椭球。遗憾的是，该椭球并未依据当时中国的天文观测资料进行重新定位，而是由苏联西伯利亚地区的普尔科沃，经中国的东北地区传算过来的。该坐标系的高程异常是以苏联 1955 年大地水准面重新平差的结果为起算值，按中国天文水准路线推算出来的，而高程又是以 1954 年青岛验潮站的黄海平均海水面为基准。

1978 年，中国决定重新对全国天文大地网施行整体平差，同时建立新的国家大地坐标系统，整体平差在新大地坐标系统中进行，这个坐标系统就是 1980 年西安大地坐标系统。椭球的短轴平行于地球的自转轴（由地球质心指向 1968.0 JYD 地极原点方向），起始子午面平行于格林尼治平均天文子午面，椭球面类似大地水准面。它在中国境内符合得最好，高程系统以 1952—1979 年黄海平均海水面为高程起算基准。

（二）观测点、线布置

1. 观测点的定位

为保证观测精度，需要在一定面积内满足一定数量的观测点。一般以在图上的距离为 2~5cm 加以控制。比例尺增大，同样实际面积内观测点的数量就相应增多，当天然露头不足时，则必须布置人工露头进行补充，所以在较大比例尺测绘时，常配以剥土、探槽、坑探等轻型坑探工程。观测点的布置不应是均匀的，而是在工程地质条件复杂的地段多一些、简单的地段少一些，都应布置在工程地质条件的关键地段：不同岩层接触处（尤其是不同时代岩层）、岩层的不整合面；不同地貌单元分界处；有代表性的岩石露头（人工露头或天然露头）；地质构造断裂线；物理地质现象的分布地段；水文地质现象点；对工程地质有意义的地段等。

工程地质观察点定位时所采用的方法，对成图质量影响很大。根据不同比例尺的精度要求和地质条件的复杂程度，可采用如下方法：

（1）目测法。对照地形底图寻找标志点，根据地形地物目测或步测距离。一般适用于小比例尺的工程地质测绘，在可行性研究阶段时运用。

（2）半仪器法。用简单的仪器（如罗盘、皮尺、气压计等）测定方位和高程，用徒步或测绳测量距离。一般适用于中等比例尺测绘，在初勘阶段时采用。

（3）仪器法。用经纬仪、水准仪等较精密仪器测量观察点的位置和高程。适用于大比例尺的工程地质测绘，常用于详勘阶段。对有意义的观察点，或为解决某一特殊岩土工程地质问题时，也宜采用仪器测量。

（4）GPS 定位仪。目前，各勘测单位普遍配置 GPS 定位仪进行测绘填图。GPS 定位仪的优点是定点准确、误差小，并可以将参数输入计算机进行绘图，大大减少了劳动强度，加快了工作进度。

2．观测线路的布置

（1）路线法。垂直穿越测绘场地地质界线，大致与地貌单元、地质构造、地层界线垂直布置观测线点。路线法可以最少的工作量获得最多的成果。

（2）追索法。沿着地貌单元、地质构造、地层界线、不良地质现象周界进行布线追索，以查明局部地段的地质条件。

（3）布点法。在第四纪地层覆盖较厚的平原地区，天然岩石露头较少，可采用等间距均匀布点形成测绘网格，大、中比例尺的工程地质测绘也可采用此种方法。

（三）钻孔放线

钻孔放线一般分为初测（布孔）、复测和定测三个过程。初测就是根据地质勘察设计书设计的要求，将钻孔位置布置在实地，以便使用单位进行钻探施工。孔位确定后，应埋设木桩，并进行复测确认，在手簿上载明复测点到钻孔的位置。

复测是在施工单位平整机台后进行。复测时除校核钻孔位置外，应测定平整机台后的地面高程和量出在勘探线方向上钻孔位置至机台边线的距离。复测钻孔位置应根据复测点，按原布设方法及原有线位和距离用垂球投影法对孔位进行检核。复测时钻孔位置的地面高程可在布置复测点的同时，用钢尺量出复测线上钻孔位置点到地面的高差，进行复测时，再由原点同法量至平机台后的地面高差，然后计算出钻孔位置的高差。复测点的布设一般采用以下方法：

1. 十字交叉法

在钻孔位置四周选定 4 个复测点，使两连线的交点与钻孔位置相吻合。

2. 距离相交法

在钻孔位置四周选定不在同一方向线上的 3 个点，分别量出与钻孔位置的距离。

3. 直线通过法

在钻孔位置前后确定 2 个复测点，使两点的连线通过孔位中心，量取孔位到两端点的距离。

复测、初测钻孔位置的高程亦可采用三角高程法。高差按所测的垂直角并配合理论边长计算。利用复测点高程比，采用复测点至钻孔位置的距离计算，由两个方向求得，以备检核。钻孔位置定测的目的，在于测出其孔位的中心平面位置和高程，以满足储量计算和编制各种图件的需要。钻孔定测时，以封孔标石中心或套管中心为准，高程测至标石面或套管面，并量取标石面或套管面至地面的高差。测定时，必须清楚地质上量孔深的起点（一般是底木梁的顶面）与标石面或套管口是否一致，如不同应将其差数注出。在同一矿区内所有钻孔的坐标和高程系统必须一致。各种地质图件，尤其是剖面图都要用到钻孔的成果，而剖面图的比例尺往往比地形地质图大一倍，储量级别越高，图件的比例尺也越大。因此，钻孔的定测精度要满足成图的需要。在一般情况下，钻孔（包括水文孔）时，附近图根点的平面位置误差不得大于基本比例尺图（地形地质图）上 0.4mm；高程测定时，附近水准点的高程中误差不得大于等高距的 1/8，经检查后的成果才能提供使用。钻孔位置测定的方法和精度要求，详见解析图根测量部分。但水文孔的高程应用水准测量的方法测定。

在完成钻孔位置测定后应提交完整的资料，包括钻孔设计坐标的计算资料，工程任务通知书，水平角、垂直角观测记录，内业计算资料，孔位坐标高程成果表。

（四）地质点填绘

工程地质测绘是为工程建设服务的，反映工程地质条件和预测建筑物与地质环境的相互作用，其研究内容主要有以下几个方面：

1. 地层岩性

地层岩性是工程地质条件的最基本要素，是产生各类地质现象的物质基础。它是工程地质测绘的主要研究对象。

工程地质测绘对地层岩性研究的内容如下：确定地层的时代和填图单位；各类岩土层的分布、岩性、岩相及成因类型；岩土层的正常层序、接触关系、厚度及其变化规律；岩土的工程地质性质等。

目前工程地质测绘对地层岩性的研究多采用地层学的方法，划分单位与一般地质测绘基本相同，但在小面积大比例尺工程地质测绘中，可能遇到的地层常常只是一个"统""阶"，甚至可能是一个"带"，此时就必须根据岩土工程地质性质差异做出进一步划分才能满足要求。需要特别指出的是，砂岩中的泥岩、石灰岩中的泥灰岩、玄武岩中的凝灰岩，以及夹层对建筑物的稳定和防渗有重大的影响，常会构成坝基潜在的滑移控制面，这是构成地质测绘与其他地质测绘的一个重要区别。工程地质测绘对地层岩性的研究还表现在既要查明不同性质岩土在地壳表层的分布岩性变化和成因，又要测试它们的物理力学指标，并预测它们在建筑物作用下的可能变化，这就必须把地层岩性的研究建立在地质历史成因的基础上才能达到目的。在地质构造简单、岩相变化复杂的特定条件下，岩相分析法对查明岩土的空间分布是行之有效的。

工程地质测绘中对各类岩土层还应着重以下内容的研究：

（1）对沉积岩调查的主要内容是：岩性岩相变化特征，层理和层面构造特征，结核、化石及沉积韵律，岩层间的接触关系；碎屑岩的成分、结构、胶结类型、胶结程度和胶结物的成分；化学岩和生物化学岩的成分、结晶特点、溶蚀现象及特殊构造；软弱岩层和泥化夹层的岩性、层位、厚度及空间分布等。

（2）对火成岩调查的主要内容是：火成岩的矿物成分及其共生组合关系，岩石结构、构造、原生节理特征，岩浆活动次数及序次，岩石风化的程度；侵入体的形态、规模、产状和流面、流线构造特征，侵入体与围岩之间的接触关系，析离体、捕房体及蚀变带的特征；喷出岩的气孔状、流纹状和枕状构造特点，反映喷出岩形成环境和次数的标志；凝灰岩的分布及泥化、风化特点等。

（3）对变质岩调查的主要内容是：变质岩的成因类型、变质程度、原岩的残留构造和变余结构特点，板理、片理、片麻理的发育特点及其与层理的关系，软弱层和岩脉的分布特点，岩石的风化程度等。

（4）对土体调查的主要内容是：确定土体的工程地质特征，通过野外观察和简易试验，鉴别土的颗粒组成、矿物成分、结构构造、密实程度和含水状态，并进行初步定名。要注意观测土层的厚度、空间分布、裂隙、空洞和层理发育情况，搜集已有的勘探和试验资料，选择典型地段和土层，进行物理力学性质试验。测绘中要特别注意调查淤泥、淤泥质黏性土、盐渍土、膨胀土、红黏土、湿陷性黄土、易液化的粉细砂层、陈土、新近沉积土、人工堆填土等的岩性、层位、厚度及埋藏分布条件。确定沉积物的地质年代、成因类型。测绘中主要根据沉积物颗粒组成、土层结构和成层性、特殊矿物及矿物共生组合关系、动植物遗迹和遗体、沉积物的形态及空间分布等来确定基本成因类型。在实际工作中，可视具体情况，在同一基本成因类型的基础上进一步细分（如冲积物可分为河床相、漫滩相、牛轭湖相等），或对成因类型进行归并（如冲积湖积物、坡积洪积物等），通过野外观察和勘探，了解不同时代、不同成因类型和不同岩性沉积物的结构特征在剖面上的组合关系及空间分布特征。

在对岩土进行观察描述时应按如下标准进行：

（1）岩石的描述应包括地质年代、地质名称、风化程度、颜色、主要矿物、结构、构造和岩石质量指标（RQD）。对沉积岩应着重描述沉积物的颗粒大小、形状、胶结物成分和胶结程度，对火成岩和变质岩应着重描述矿物结晶大小及结晶程度。

（2）岩体的描述应包括结构面、结构体、岩层厚度和结构类型，并最好符合下列规定：1）结构面的描述包括类型、性质、产状、组合形式、发育程度、延展情况、闭合程度、粗糙程度、充填情况和充填物性质以及充水性质等；2）结构体的描述包括类型、形状、大小和结构体在围岩中的受力情况等；3）岩层厚度分类应按规定执行。

（3）对质量较差的岩体，鉴定和描述尚应符合下列规定：1）对软岩和极软岩，应注意是否具有可软化性、膨胀性、崩解性等特殊性质；2）对极破碎岩体，应说明破碎的原因，如断层、全风化等；3）应判定开挖后是否有进一步风化的特性。

（4）土的鉴定应在现场描述的基础上，结合室内试验的开土记录和试验结果综合确定。土的鉴定应符合下列规定：1）碎石土应描述颗粒级配、颗粒形状、颗粒排列、母岩成分、风化程度、充填物的性质和充填程度、密实度等。2）砂土应描述颜色、矿物组成、颗粒级配、颗粒形状、黏粒含量、湿度、密实度等。3）粉土应描述颜色、包含物、湿度、密实度、摇震反应、光泽反应、干强度、韧性。4）黏性土应描述颜色、状态、包含物、光泽反应、摇震反应、干强度、韧性、土层结构等。5）特殊性土除应描述上述相应土类规定的内容外，尚应描述其特殊成分和特殊性质，如对淤泥尚需描述嗅味，对填土尚需描述物质成分、堆积年代、密实度和厚度的均匀程度等。6）对具有互层、夹层、夹薄层特征的土，尚应描述各层的厚度和层理特征。7）土层划分时应按如下原则：对同一土层中相间呈韵律沉积，当薄层与厚层的厚度比大于1/3时，宜定为"互层"；厚度比为1/10~1/3时，宜定为"夹层"；夹层厚度比小于1/10的土层，且多次出现时，宜定为"夹薄层"；当土层厚度大于0.5m时，应该单独分层。

2. 地质构造

地质构造对工程建设的区域地壳稳定性、建筑场地稳定性和工程岩土体稳定性来说，都是极其重要的因素。它又控制着地形地貌、水文地质条件和不良地质现象的发育及分布，所以，地质构造是工程地质测绘研究的重要内容。

工程地质测绘对地质构造的研究内容如下：岩层的产状及各种构造形式的分布、形态和规模；软弱结构面（带）的产状及其性质，包括断层的位置、类型、产状、断距、破碎带宽度及充填胶结情况；岩土层各种接触面及各类构造岩的工程特性；近期构造活动的形迹、特点及与地震活动的关系等。

工程地质测绘中研究地质构造时，要运用地质历史分析和地质力学的原理及方法，查明各种构造结构面的历史组合和力学组合规律。既要对褶皱、断层等大的构造形迹进行研究，又要重视节理、裂隙等小构造的研究。在大比例尺工程地质测绘中，小构造研究具有重要的实际意义。因为小构造直接控制着岩土体的完整性、强度和透水性，是岩土工程评价的重要依据。

工程地质测绘应在分析已有资料的基础上，查明工作区各种构造形迹的特点、主要构造线的展布方向等，包括褶曲的形态、轴面的位置和产状、褶曲轴的延伸性、组成褶曲的地层岩性、两翼岩层的厚度及产状变化、褶曲的规模和组成形式、形成褶曲的时代及岩层应力状态。

对断层的调查内容主要包括断层的位置、产状、性质和规模（长度、宽度和断距），破碎带中构造岩的特点，断层两盘的地层岩性、破碎情况及错动方向，主断裂和伴生与次生构造形迹的组合关系，断层形成的时代、应力状态及活动性。

根据不同构造单元和地层岩性，选择典型地段进行节理、裂隙的调查统计工作，其主要内容是节理、裂隙的成因类型和形态特征，节理、裂隙的产状、规模、密度和充填情况等。调查时既要注意节理、裂隙的统计优势面（密度大者），又要注意地质优势面（密度虽不大，但规模较大）的产状及发育情况。实践表明，结合工程布置和地质条件选择有代表性的地段进行详细的节理、裂隙统计，以使岩体结构定量模式化是有重要意义的。

3. 地貌

地貌是岩性、地质构造和新构造运动的组合反映，也是近期外动力地质作用的结果，因为研究地貌就有可能判明岩性（如软弱夹层的部位）、地质构造（如断裂带的位置）、新构造运动的性质和规模，以及表层沉积物的成因和结构，据此还可以了解各种外动力地质作用的发育历史、河流发育史等。相同的地貌单元不仅地形特征相似，其表层地质结构也往往相同。因此，在非基岩裸露地区进行工程地质测绘要着重研究地貌，并以地貌作为工程地质分区的基础。工程地质测绘中对地貌的研究内容如下：地貌形态特征、分布和成因；划分地貌单元，弄清地貌单元的形成与岩性、地质构造及不良地质现象等的关系；各种地貌形态和地貌单元的发展演化历史。上述各项主要在中、小比例尺测绘中进行。在大比例尺测绘中，则应侧重于地貌与工程建筑物布置以及岩土工程设计、施工关系等方面的研究。

在中、小比例尺工程地质测绘中研究地貌时，应以大地构造及岩性和地质结构等方面的研究为基础，并与水文地质条件和物理地质现象的研究联系起来，着重查明地貌单元的类型和形态特征、各个成因类型的分布高程及其变化、物质组成和覆盖层的厚度，以及各地貌单元在平面上的分布规律。

在大比例尺测绘中要以各种成因的微地貌调查为主，包括分水岭、山脊、山峰、斜坡悬崖、沟谷、河谷、河漫滩、阶地、剥蚀面、冲沟、洪积扇、各种岩溶现象等，调查其形态特征、规模、组成物质和分布规律。同时，还要调查各种微地形的组合特征，注意不同地貌单元（如山区、丘陵、平原等）的空间分布、过渡关系及其形成的相对时代。

4. 水文地质条件

在工程地质测绘中，研究水文地质条件的主要目的在于研究地下水的赋存与活动情况，为评价因此导致的工程地质问题提供资料。例如，研究水文地质条件是为论证和评价坝址以及水库的渗漏问题提供依据；结合工业与民用建筑的修建来研究地下水的埋深和侵蚀等，是为判明其对基础埋置深度和基坑开挖等的影响提供资料；研究孔隙水的渗透梯度和渗透速度，是为了判断产生渗透稳定问题的可能性等。

在工程地质测绘中，水文地质调查的主要内容如下：河流、湖沼等地表水体的分布、动态及其与水文地质条件的关系；主要井、泉的分布位置，所属含水层类型、水位、水质、水量、动态及开发利用情况；区域含水层的类型、空间分布；富水性和地下水水化学特征及环境水的侵蚀性；相对隔水层和透水层的岩性、透水性、厚度和空间分布；地下水的流速、流向、补给、径流和排泄条件，以及地下水活动与环境的关系，如土地盐渍化、冷浸现象等。

对水文地质条件的研究，要从地层岩性、地质构造、地貌特征和地下水露头的分布、性质、水质、水量等入手，查明含水、透水层和相对隔水层的数目、层位、地下水的埋藏条件，各含水层的富水程度和它们之间的水力联系，各相对隔水层的可靠性。要通过泉、井等地下水的天然和人工露头以及地表水体的研究，查明工作区的水文地质条件，因此在工程地质测绘中除应对这些水点进行普查外，对其中有代表性的和对工程有密切关系的水点，还应进行详细研究，必要时应取水样进行水质分析，并布置适当的长期观察点以了解水点动态变化。

5. 不良地质现象

对不良地质现象的研究，一方面是为了阐明工作区是否会受到现代物理地质作用的威胁，另一方面有助于预测工程地质作用。研究物理地质现象要以岩性、地质构造、地貌和水文地质条件的研究为基础，着重查明各种物理地质现象的分布规律和发育特征，鉴别其发育历史和发展演变的趋势，以判明其目前所处的状态及其对建筑物和地质环境的影响。

研究不良地质现象要以地层岩性、地质构造、地貌和水文地质条件的研究为基础，并收集气象、水文等自然地理因素资料。研究内容如下：各种不良地质现象的分布、形态、规模、类型和发育程度；分析它们的形成机制、影响因素和发展演化趋势；预测其对工程建设的影响，提出进一步研究的重点及防治措施。

6. 已有建筑物的调查

工作区内及其附近已有建筑物与地质环境关系的调查研究，是工程地质测绘中特殊的研究内容。因为某一地质环境内已兴建的任何建筑物对拟建建筑物来说，应看作是一项重要的原型试验，往往可以获得很多在理论和实际两个方面上都极有价值的资料。研究的主要内容如下：选择不同地质环境中的不同类型和结构的建筑物，调查其有无变形、破坏的标志，并详细分析其原因，以判明建筑物对地质环境的适应性；具体评价建筑场地的工程地质条件，对拟建建筑物可能的变形、破坏情况做出正确的预测，并提出相应的防治对策和措施；在不良地质环境或特殊性岩土的建筑场地，应充分研究、了解当地的建筑经验，以及在建筑结构、基础方案、地基处理和场地整治等方面的经验。

7. 人类活动对场地稳定性的影响

工作区及其附近人类的某些工程活动，往往影响着建筑场地的稳定性。例如，地下开采，大挖大填，强烈抽排地下水，以及水库蓄水引起的地面沉降、地表塌陷、诱发地震、斜坡失稳等现象，都会对场地的稳定性带来不利的影响，对它们的调查应加以重视。此外，场地内如有古文化遗迹和文物，应妥善地保护发掘，并向有关部门报告。

第三节　工程地质监测

某些工程地质条件具有随时间变化的特性。举例来说，地下水的水位及地下水化学成分，岩土体中的孔隙水压力，季节冻结层和多年冻结层的温度、物理状态和含水率都随季节而有明显的变化。短时间内完成的测绘和勘探工作，显然不能表示它们随时间而变化的规律。尤其重要的是，对人类工程活动有重大影响的各种自然产生的地质作用，都有一个较长时间的发生、发展和消亡过程，在此过程中逐步显露出了它和周围自然因素间的相互关联和相互制约的关系，以及其随时间而变化的动态。只有掌握了这类变化的全过程，才能确切地查清其形成的原因和发展趋势，正确评价它对人类工程活动的危害性，也才能进一步将这种规律性的认识，用于预测其他未经详细研究的区域内同一类作用的发生、发展趋势，以及其对人类工程活动的可能危害。例如，斜坡上岩土体的变形和滑坡、崩塌等作用的产生，就是一个长期的地质过程。由于地表水对斜坡外形的改造，地下水和其他风化形成斜坡土石物理力学性质的改变，以及地震在斜坡岩土体中引起的附加荷载等，部分岩土体中有不稳定因素积累、滑动，稳定因素积累及活动停止等阶段，因此，其当前所处的阶段及与周围因素的关系，是预测其发展趋势和评价其危害性的根据。

各种地质作用的动态观测必须在查清地质条件的基础上进行，这样才能根据观测资料判明其发育条件和影响发育的主要因素，也才能根据观测资料预测工程地质条件类似区的同类地质作用的动态。

一、岩土体性质与状态的监测

岩土体性质和状态的监测，可以总结为岩土体变形观测和岩土体内部应力的观测两大方面。如果工程需要进行岩土体的监测，则岩土体的监测内容应包括以下三个方面：洞室或岩石边坡的收敛量测；深基坑开挖的回弹量测；土压力或岩体应力量测。

岩土体性状的监测主要应用于滑坡、崩塌变形监测，洞室围岩变形监测，地面沉降、采空区塌陷监测以及各类建筑工程在施工、运营期间的监测和对环境的监测等。

1. 岩土体的变形监测

岩土体的变形监测分为地面位移变形监测、洞壁位移变形监测和岩土体内部位移变形监测等几种。

（1）地面位移变形监测。其主要采用的方法如下：1）用经纬仪、水准仪或光电测距仪重复观测各测点的方向和水平、铅直距离的变化，以此来判定地面位移矢量随时间变化的情况，测点可根据具体的条件和要求布置成不同形式的观测线、网，一般在条件比较复杂和位移较大的部位应适当加密；2）对规模较大的地面变形还可采用航空摄影或全球卫星定位系统来进行监测；3）采用伸缩仪和倾斜计等简易方法进行监测；4）采用钢尺或皮尺观测测点的变化，或用贴纸条的方法了解裂缝地张开情况。监测结果应整理成位移随时间变化的关系曲线，以此来分析位移的变化和趋势。

（2）洞壁位移变形监测。洞壁岩体表面两点间的距离改变量的量测是通过收敛量测来实现的，它被用于了解洞壁间的相对变形和边坡上张裂缝的发展变化，据此对工程稳定性趋势做出评价并对破坏的时间做出预告。收敛计可分为垂直方向、水平方向及倾斜方向等几种，分别用于测量垂直、水平及倾斜方向的变形。

（3）岩土体内部位移变形监测。这种监测方法可以准确地测定岩土体内部位移变化。目前常用的方法有管式应变计、倾斜计和位移计等，它们皆要借助于钻孔进行监测。管式应变计是在聚氯乙烯管上隔一定距离贴上电阻应变片，随后将其埋植于钻孔中，用于测量由于岩土体内部位移而引起的管子变形。倾斜计是一种量测钻孔弯曲的装置，它是把传感器固定在钻孔不同的位置上，用以测量预定程度的变形，以此了解不同深度岩土体的变形情况。位移计是一种靠测量金属线伸长来确定岩土体变形的装置，一般采用多层位移计量测，将金属线固定于不同层位的岩土体上，末端固定于深部不动体上，用以测量不同深度岩土体随时间的位移变形。

2. 岩土体内部的应力监测

岩土体内部的应力监测是借助于压力传感器装置来实现的，一般将压力传感器埋设在结构物与岩土体的接触面上或预埋在岩土体中。目前，国内外采用的压力传感器多为压力盒，有液压式、气压式、钢弦式和电阻应变式等不同形式和规格，后两种较为常用。由于压力观测是在施工和运营期间进行的，互有干扰，因此务必防止量测装置被破坏。为了保证量测数据的可靠性，压力盒应有足够的强度和耐久性，加压、减压线形良好，能适应温度和环境变化而保持稳定。埋设时应避免对岩土体的扰动，回填土的性状应与周围土体保持一致。通过定时监测，便可获得岩土压力随时间的变化资料。

3. 不良地质作用和地质灾害的监测

工程建设过程中，由于受各种内、外因素的影响，如滑坡、崩塌、泥石流、岩溶等，这些不良地质作用及其所带来的地质灾害都会直接影响工程的安全乃至人民生命财产的安全。因此，在现阶段的工程建设中，对上述不良地质作用和地质灾害进行监测已经是不可缺少的工作。

不良地质作用和地质灾害监测的目的：一是正确判定、评价已有不良地质作用和地质对灾害的危害性，监视其对环境、建筑物和对人民财产的影响，对灾害的发生进行预报；二是为防治灾害提供科学依据；三是预测灾害发生及发展趋势和检验整治后的效果，为今后的防治、预测提供经验教训。

根据不同的不良地质作用和地质灾害的情况，开展的地质灾害监测内容应包括以下几个方面。

（1）应进行不良地质作用和地质灾害监测的情况主要有：1）场地及其附近有不良地质作用或地质灾害，并可能危及工程的安全或正常使用时；2）工程建设和运行，可能加速不良地质作用的发展或引发地质灾害时；3）工程建设和运行，对附近环境可能产生显著不良影响时。

（2）岩溶土洞发育区应着重监测的内容是：1）地面变形；2）地下水位的动态变化；3）场区及其附近的抽水情况；4）地下水位变化对土洞发育和塌陷发生的影响。

（3）滑坡监测应包括下列内容：1）滑坡体的位移；2）滑面位置及错动；3）滑坡裂缝的发生和发展；4）滑坡体内外地下水位、流向、泉水流量和滑带孔隙水压力；5）支挡结构及其他工程设施的位移、变形、裂缝的发生和发展。

（4）当需判定崩塌剥离体或危岩的稳定性时，应对张裂缝进行监测。对可能造成较大危害的崩塌，应进行系统监测，并根据监测结果，对可能发生崩塌的时间、规模、塌落方向和途径、影响范围等做出预告。

（5）对现采空区，应进行地表移动和建筑物变形的观测，并应符合：1）观测线宜平行和垂直矿层走向布置，其长度应超过移动盆地的范围；2）观测点的间距可根据开采深度确定，并大致相等；3）观测周期应根据地表变形速度和开采深度确定。

（6）因城市或工业区抽水而引起区域性地面沉降，应进行区域性的地面沉降监测，监测要求和方法应按有关标准进行。

二、地下水的监测

当建筑场地内有地下水存在时，地下水的水位变化及其腐蚀性（侵蚀性）和渗流破坏等产生不良地质作用，对工程的稳定性、施工及正常使用都能产生严重的不利影响，必须予以重视。当地下水水位在建筑物基础底面以下压缩层范围内上升时，水浸湿和软化岩土，从而使地基土的强度降低，压缩性增大。尤其是对结构不稳定的岩土，这种现象更为严重，将会导致建筑物的严重变形与破坏。当地下水在压缩层范围内下降时，则增加地基土的自重应力，引起基础的附加沉降。

在建筑工程施工中遇到地下水时，会增加施工难度。比如，需处理地下水，或降低地下水位，工期和造价必将受到影响。又如，基坑开挖时遇含水层，有可能会发生涌水涌沙事故，延长工期，直接影响经济指标。因此，在开挖基坑（槽）时，应预先做好排水工作，这样，可以有效减少或避免地下水的影响。

周围环境的改变，将会引起地下水位的变化，从而可能产生渗流破坏、基坑突涌、冻胀等不良地质作用，其中以渗流破坏最为常见。渗流破坏系指土（岩）体在地下水渗流的作用下其颗粒发生移动，或颗粒成分及土的结构发生改变的现象。渗流破坏的发生及形式不仅决定于渗透水流动水力的大小，同时与土的颗粒级配、密度及透水性等条件有关，而对其影响最大的是地下水的动水压力。

对地下水监测，不同于水文地质学中的"长期观测"。由于观测是针对地下水的天然水位、水质和水量的时间变化规律的观测，一般仅提供动态观测资料。而监测则不仅仅是观测，还要根据观测资料提出问题，制订处理方案和措施。

当地下水水位变化影响到建筑工程的稳定时，需对地下水进行监测。

1. 对地下水实施监测的情况

对地下水实施监测的情况有：地下水位升降影响岩土稳定时；地下水位上升产生浮托力，对地下室或地下构筑物的防潮、防水或稳定性产生较大影响时；施工降水对拟建工程或相邻工程有较大影响时；施工或环境条件改变，造成的孔隙水压力、地下水压力变化，对工程设计或施工有较大影响时；地下水位的下降造成区域性地面下沉时；地下水位的升降可能使岩土产生软化、湿陷、胀缩时；需要进行污染物运移对环境影响的评价时。

2. 监测工作的布置

应根据监测目的、场地条件、工程要求和水位地质条件确定监测工作的布置，地下水监测方法应符合下列规定。

（1）地下水位的监测，可设置专门的地下水位观测孔，或利用水井、泉等进行。

（2）孔隙水压力、地下水压力的监测，可采用孔隙水压力计、测压计进行。

（3）用化学分析法监测水质时，采样次数每年不应少于 4 次，并进行相关项目的分析。

（4）动态监测时间不应该少于一个水文年。

（5）当孔隙水压力变化影响工程安全时，应在孔隙水压力降至安全值后方可停止监测。

（6）受地下水浮托力的工程，地下水压力监测应进行至工程荷载大于浮托力后方可停止监测。

3. 地下水的监测布置及内容

根据岩土体的性状和工程类型，对地下水压力（水位）和水质的监测，一般顺延地下水流向布置观测线。在水位变化较大的地段、上层滞水或裂隙水变化聚集地带，都应布置观测孔。基坑开挖工程降水的监测孔应垂直基坑长边布置观测线，其深度应达到基础施工的最大降水深度以下 1m 处。

地下水监测的内容主要包括：地下水位的升降、变化幅度及其与地表水、大气降水的关系，工程降水对地质环境及建筑物的影响，深基础、地下洞室、斜坡、岸边工程施工对软土地基孔隙水压力和地下水压力的观测监控，管涌和流土现象对动水压力的监测，通过评价地下水对建筑工程侵蚀性和腐蚀性对地下水水质进行的监测等。

第四节　工程地质测绘资料的整理

工程地质测绘资料的整理，从性质上可分为野外验收前的资料整理和最终成果的资料整理。

野外验收前的资料整理是指在野外工作结束后，全面整理各项野外实际工作资料，检查核实其完备程度和质量，整理清楚野外工作手图和编制各类综合分析图、表，编写调查工作小结。一般来说，野外资料验收应提供下列资料：各种原始记录本、表格、卡片和统计表；实测的地质、地貌、水文地质、工程地质和勘探剖面图；各项原位测试、室内试验鉴定分析资料和勘探试验资料；典型影像图、摄影和野外素描图；物探解释成果图、物探测井、井深曲线及推断解释地质柱状图及剖面图、物探各种曲线、测试成果数据；物探成果报告；各类图件，包括野外工程地质调查手图、地质略图、研究程度图、实际材料图、各类工程布置图、遥感图像解释地质图等。

最终成果的资料整理是在野外验收后进行的，要求内容完备，综合性强，文、图、表齐全。其主要内容是：对各种实际资料进行整理分类、统计和数学处理，综合分析各种工程地质条件、因素及其间的关系和变化规律；编制基础性、专门性图件和综合工程地质图；编写工程地质测绘调查报告。

下面将详细介绍常用的工程地质图件。

1. 实际材料图

该图主要反映测绘过程中的观察点、线的布置、填绘、成果，以及测绘中的其他测绘、物探、勘探、取样、观测和地质剖面图的展布等内容，是绘制其他图件的基础图件。

2. 岩土体的工程地质分类图

该图主要体现各工程地质单元的地层时代、岩性和主要的工程地质特征（包括结构和强度特征等），以及它们的分布和变化规律。对特殊的岩土体和软弱夹层、破碎带可夸大表示。此外，还应附有工程地质综合柱状图或岩土体综合工程地质分类说明表、代表性的工程地质剖面图等。

3. 工程地质分区图

该图是在调查分析工作区工程地质条件的基础上，按工程地质特性的异同性进行分区评价的成果图件。工程地质分区的原则和级别要因地制宜，主要根据工作区的特点并考虑工作区的经济发展规划的需要来确定。一级区域应依据对工作区工程地质条件起主导作用的因素进行划分，二级区域应依据影响动力地质作用和环境工程地质问题的主要因素来划分，三级区域应根据对工作区主要工程地质问题和环境工程地质问题的评价来划分。

4. 综合工程地质图

该图是全面反映工作区的工程地质条件、工程地质分区、工程地质评价的综合性图件。图面内容包括岩土体的工程地质分类及其主要工程地质特征、地质构造（主要是断裂）、新构造（特别是现今活动的构造和断裂）和地震，地貌与外动力地质现象和主要地质灾害，人类活动引起的环境地质工程地质问题、水文地质要素、工程地质分区及其评价等。

该图由平面图、剖面图、岩土体综合工程地质柱状图、岩土体工程地质分类说明表和图例、必要的图等组成，应尽可能地增加工程地质分区说明表。

第六章　岩土工程勘察技术

第一节　工程地质测绘和调查

一、工程地质测绘的内容

1. 查明地形、地貌特征，地貌单元形成过程及其与地层、构造、不良地质现象的关系，划分不同地貌单元。

2. 了解岩土的性质、成因、年代、厚度和分布。对岩层应查明风化程度，对土层应区分新近堆积土、特殊性土的分布及其工程地质条件。

3. 查明岩层的产状及构造类型、软弱结构面的产状及其性质，包括断层的位置、类型、产状、断距、破碎带的宽度及充填胶结情况，岩、土层接触面及软弱夹层的特性等，第四纪构造活动的形迹、特点及与地震活动的关系。

4. 查明地下水的类型、补给来源、排泄条件、井、泉的位置、含水层的岩性特征，埋藏深度、水位变化、污染情况及其与地表水体的关系等。

5. 收集气象、水文、植被、土的最大冻结深度等资料，调查最高洪水位及其发生时间、淹没范围。

6. 查明岩溶、土洞、滑坡、泥石流、崩塌、冲沟、断裂、地震震害和岸边冲刷等不良地质现象的形成、分布、形态、规模、发育程度及其对工程建设的影响。

7. 调查人类工程活动对场地地质稳定性的影响，包括人工洞穴、地下采空、大挖大填、抽水排水及水库诱发地震等。

8. 建筑物的变形和建筑经验。

二、工程地质测绘的范围、比例尺和精度

1. 工程地质测绘的范围

在规划建筑区进行工程地质测绘，选择的范围过大会增大工作量，范围过小则难以有效查明工程地质条件，满足不了建筑物的要求。因此，需要合理选择测绘范围。

工程地质测绘与调查的范围应包括：

（1）拟建厂址的所有建（构）筑物场地。建筑物规划和设计的开始阶段，涉及较大范围、多个场地方案的比较，测绘范围应包括与这些方案有关的所有地区。工程进入后期设计阶段后，只对某个具体场地或建筑位置进行测量调查，其测绘范围只需局限于某建筑区的小范围内。可见，工程地质测绘范围随勘察阶段的提高会变得越来越小。

（2）影响工程建设的不良地质现象分布范围及其生成发育地段。

（3）因工程建设引起的工程地质现象可能影响的范围。由于建筑物类型、规模的不同，对地质环境的作用方式、强度、影响范围也就不同。工程地质测绘应视具体建筑类型选择合理的测绘范围。例如，大型水库，库水向大范围地质体渗入，必然引起较大范围地质环境变化；一般民用建筑，主要由于建筑物荷重使小范围内的地质环境发生变化。因此，前者的测绘范围至少要包括地下水影响到的地区，而后者的测绘范围不需很大。

（4）对查明测区工程地质条件有重要意义的场地邻近地段。

（5）工程地质条件特别复杂时，应适当扩大范围。工程地质条件复杂而地质资料不充足的地区，测绘范围应比一般情况下适当扩大，以能充分查明工程地质条件、解决工程地质问题为原则。

2. 工程地质测绘的精度

所谓测绘精度，系指野外地质现象观察、描述及表示在图上的精确程度和详细程度。野外地质现象能否客观地反映在工程地质图上，除了取决于调查人员的技术素养外，还取决于工作细致程度。为此，对野外测绘点数量及工程地质图上表达的详细程度做出原则性规定：地质界线和地质观测点的测绘精度，在图上不应低于 3mm。

野外观察描述工作中，不论何种比例尺，都要求整个图幅上平均 2~3cm 范围内应有观测点。例如，比例尺 1:50 000 的测绘，野外实际观察点 0.5~1 个 /km²。实际工作中，视条件的复杂程度和观察点的实际地质意义，观察点间距可适当加密或加大，不必平均布点。

在工程地质图上，工程地质条件各要素的最小单元划分应与测绘的比例尺相适应。一般来讲，在图上最小投影宽度大于 2mm 的地质单元体，均应按比例尺体现在图上。例如，比例尺 1:2 000 的测绘，实际单元体（如断层带）尺寸大于 4m 者均应表示在图上。重要的地质单元体或地质现象可适当夸大比例尺即用超比例尺表示。

为了使地质现象精确地表示在图上，要求任何比例尺图上界线误差不得超过 3mm。为了达到精度要求，通常要求在测绘填图中，采用比提交成图比例尺大一级的地形图作为填图的底图，如进行 1:10 000 比例尺测绘时，常采用 1:5 000 的地形图作为外业填图底图。外业填图完成后再缩成 1:10 000 的成图，以提高测绘的精度。

三、工程地质测绘方法要点

工程地质测绘方法与一般地质测绘方法基本一样，在测绘区合理布置若干条观测路线，沿线布置一些观察点，对有关地质现象进行观察描述。观察路线布置应以最短路线观察最多的地质现象为原则。野外工作中，要注意点与点、线与线之间地质现象的互相联系，最终形成对整个测区空间上总体概念的认识。同时，还要注意把工程地质条件和拟建工程的作用特点联系起来分析研究，以便初步判断可能存在的工程地质问题。

地质观测点的布置、密度和定位应满足下列要求：

1. 在地质构造线、地层接触线、岩性分界线，标准层位和每个地质单元体上应有地质观测点。

2. 地质观测点的密度应根据场地的地貌、地质条件、成图比例尺及工程特点等确定，并应具代表性。

3. 地质观测点应充分利用天然和人工露头，如采石场、路堑、井、泉等；当露头少时，应根据具体情况布置一定数量的勘探工作。条件适宜时，还可配合进行物探工作，探测地层、岩性、构造、不良地质作用等问题。

4. 地质观测点的定位标测，对成图的质量影响很大，应根据精度要求和地质条件的复杂程度选用目测法、半仪器法和仪器法。地质构造线、地层接触线、岩性分界线、软弱夹层、地下水露头、有重要影响的不良地质现象等特殊地质观测点，宜用仪器法定位。

目测法——适用于小比例尺的工程地质测绘，该法系根据地形、地物以目估或步测距离标测。

半仪器法——适用于中等比例尺的工程地质测绘，它是借助于罗盘仪、气压计等简单的仪器测定方位和高度，使用步测或测绳量测距离。

仪器法——适用于大比例尺的工程地质测绘，即借助于经纬仪、水准仪、全站仪等较精密的仪器测定地质观测点的位置和高程。对有特殊意义的地质观测点，如地质构造线、不同时代地层接触线、不同岩性分界线、软弱夹层、地下水露头以及有不良地质作用等，均宜采用仪器法。

卫星定位系统（GPS）——满足精度条件下均可应用。

为了保证测绘工作更好地进行，工作开始前应做好充分准备，如文献资料查阅分析工作，现场踏勘和工作部署，标准地质剖面绘制和工程地质填图单元划分等。测绘过程中，要切实做好地质现象记录、资料及时整理、分析等工作。

进行大面积中小比例尺测绘或者在工作条件不便等情况下进行工程地质测绘时，

可以借助航片、卫片解译一些地质现象。这对提高测绘精度和工作进度，将会有良好效果。航、卫片通过不同的色调、图像形状、阴影、纹形等，反映了不同地质现象的基本特征。对研究地区的航、卫片进行细致的解译，可得到许多地质信息。我国利用航、卫片配合工程地质测绘或解决一些专门问题已取得不少经验。例如，低阳光角航片能迅速有效地查明活断层；红外扫描图片，能较好地分析水文地质条件；小比例尺卫片，更有利于进行地貌特征的研究；大比例尺航片对研究滑坡、泥石流、岩溶等物理地质现象非常有效。在进行区域工程地质条件分析，评价区域稳定性，进行区域物理地质现象和水文地质条件调查分析，进行区域规划和选址、地质环境评价和监测等方面，航、卫片的应用前景是非常开阔的。

收集航片与卫片的数量，同一地区应有 2~3 套，一套制作镶嵌略图，一套用于野外调绘，一套用于室内清绘。

初步解译阶段，对航片与卫片进行系统的立体观测，对地貌及第四纪地质进行解译，划分松散沉积物与基岩界线，进行初步构造解译等。第二阶段是野外踏勘与验证。携带图像到野外，核实各典型地质体在照片上的位置，并选择一些地段进行重点研究，以及在一定间距穿越一些路线，做一些实测地质剖面和采集必要的岩性地层标本。

在利用遥感影像资料解译进行工程地质测绘时，现场检验地质观测点数宜为工程地质测绘点数的 30%~50%。野外工作应包括以下内容：检查解译标志；检查解译结果；检查外推结果，对室内解译难以获得的资料进行野外补充。最后阶段成图，将解译取得的资料、野外验证取得的资料及其他方法取得的资料，集中转绘到地形底图上，然后进行图面结构的分析。如果有不合理现象，要进行修正，重新解译。必要时，到野外复验，直至整个图面结构合理为止。

四、工程地质测绘与调查的成果资料

工程地质测绘与调查的成果资料应包括工程地质测绘实际材料图、综合工程地质图或工程地质分区图、综合地质柱状图、工程地质剖面图及各种素描图、照片和文字说明。

如果是为解决某一专门的岩土工程问题，也可编绘专门的图件。

在成果资料整理中应重视素描图和照片的分析整理工作。美国、加拿大、澳大利亚等国家的岩土工程咨询公司都充分利用摄影和素描这个手段。这不仅有助于岩土工程成果资料的整理，而且在基坑、竖井等回填后，一旦由于科研上或法律诉讼上的需要，就比较容易恢复和重现一些重要的背景资料。在澳大利亚几乎每份岩土工程勘察报告都附有典型的彩色照片或素描图。

第二节 工程地质勘探和取样

一、概述

通过工程地质测绘对地面基本地质情况有了初步了解以后，应当进一步探明地下隐伏的地质现象，了解地质现象的空间变化规律，查明岩土的性质和分布，在采取岩土试样或进行原位测试时，可采用钻探、井探、槽探、洞探和地球物理勘探等常用的工程地质勘探手段。勘探方法的选择应符合勘察目的和岩土的特性。

工程地质勘探的主要任务是：

1.探明地下有关的地质情况，揭露并划分地层、量测界线，采取岩土样，鉴定和描述岩土特性、成分和产状。

2.了解地质构造，清楚不良地质现象的分布、界限、形态等，如断裂构造、滑动面位置等。

3.为深部取样及现场试验提供条件。自钻孔中选取岩土试样，供实验室分析，以确定岩土的物理力学性质；同时，勘探形成的坑孔可为现场原位试验提供场所，如十字板剪力试验、标准贯入试验、土层剪切波速测试、地应力测试、水文地质试验等。

4.揭露并测量地下水埋藏深度，采取水样供实验室分析，了解其物理化学性质及地下水类型。

5.利用勘探坑孔可以进行某些项目的长期观测以及不良地质现象处理等工作。

静力触探、动力触探作为勘探手段时，应与钻探等其他勘探方法配合使用。钻探和触探各有优缺点，有互补性，二者相互配合使用能取得良好的效果。触探的力学分层直观而连续，但单纯的触探由于其多解性容易造成误判。如果以触探为主要勘探手段，除非有经验的地区，一般均应有一定数量的钻孔配合。

布置勘探工作时应考虑勘探对工程自然环境的影响，防止对地下管线、地下工程和自然环境的破坏。钻孔、探井和探槽完工后应妥善回填，否则可能会对自然环境造成破坏。这种破坏往往在短期内或局部范围内不易察觉，但能引起严重后果。因此，一般情况下钻孔、探井和探槽均应进行回填，且应分段回填夯实。

二、工程地质钻探

钻探广泛应用于工程地质勘察，是岩土工程勘察的基本手段。通过钻探提取岩芯和采集岩样以鉴别和划分地层，测定岩土层的物理力学性质，需要时还可直接在钻孔内进行原位测试，其成果是进行工程地质评价和岩土工程设计、施工的基础资料，钻探质量的高低对整个勘察的质量起决定性作用。除地形条件对机具安置有影响外，几乎任何条件下均可使用钻探方法。由于钻探工作耗费人力、物力和财力较大，因此，要在工程地质测绘及物探等工作基础上合理布置钻探工作。

钻探工作中，岩土工程勘察技术人员主要进行三方面的工作：一是编制作为钻探依据的设计书；二是在钻探过程中进行岩芯观测、编录；三是钻探结束后进行资料内业整理。

1. 钻孔设计书的编制

钻探工作开始之前，岩土工程勘察技术人员除编制整个项目的岩土工程勘察纲要外，还需要逐个编制钻孔设计书。在设计书中，应向钻探技术人员阐明如下内容：

（1）钻孔的位置，钻孔附近地形、地质概况。

（2）钻孔目的及钻进中应注意的问题。

（3）钻孔类型、孔深、孔身结构、钻进方法、开孔和终孔直径、换径深度、钻进速度及固壁方式等。

（4）应根据已掌握的资料，绘制钻孔设计柱状剖面图，说明将要遇到的地层岩性、地质构造及水文地质情况，以便钻探人员掌握一些重要层位的位置，加强钻探管理，并据此确定钻孔类型、孔深及孔身结构。

（5）提出对工程地质的要求，包括岩芯采取率、取样、孔内试验、观测、止水及编录等各方面的要求。

（6）说明钻探结束后对钻孔的处理意见，钻孔留作长期观测或封孔。

2. 钻探方法的选择

工程地质勘察中使用的钻探方法较多。一般情况下，采用机械回转式钻进，常规口径为：开孔168mm，终孔91mm。但不是所有的方法都能满足岩土工程勘察的特定要求。例如，冲洗钻探能以较高的速度和较低的成本达到标准深度，能了解松软覆盖层下的硬层（如基岩、卵石）的埋藏深度，但不能准确鉴别所通过的地层。因此，一定要根据勘察的目的和地层的性质来选择适当的钻探方法，既满足质量标准，又避免不必要的浪费。

（1）地层特点及钻探方法的有效性。

（2）能保证以一定的精度鉴别地层，包括鉴别钻进地层的岩土性质，确定其埋藏深度与厚度，能查明钻进深度范围内地下水的赋存情况。

（3）尽量避免或减轻对取样段的扰动影响，能采取符合质量要求的试样或进行原位测试。

在踏勘调查、基坑检验等工作中可采用小口径螺旋钻、小口径勺钻、洛阳铲等简易钻探工具进行浅层土的勘探。

实际工作中的偏向是着重注意钻进的有效性，而不太重视如何满足勘察技术要求。为了避免这种偏向，达到一定的目的，制订勘察工作纲要时，不仅要规定孔位、孔深，而且要规定钻探方法。钻探单位应按任务书指定的方法钻进，提交成果中也应包括对钻进方法的说明。

钻探方法和工艺多年来一直在不断发展。例如，用于覆盖层的金刚石钻进、全孔钻进及循环钻进，定向取芯、套钻取芯工艺，用于特种情况的倒锤孔钻进，软弱夹层钻进等，都在不断发展，这些特殊钻探方法和工艺在某些情况下有其特殊的使用价值。

一般情况下，工程地质钻探采用垂直钻进方式。某些情况下，如被调查的地层倾角较大，可选用斜孔或水平孔钻进。

3. 钻探技术要求

（1）钻探点位测设于实地应符合下列要求：

初步勘察阶段：平面位置允许偏差 ±0.5m，高程允许偏差 ±5cm；

详细勘察阶段：平面位置允许偏差 ±0.25m，高程允许偏差 ±5cm；

城市规划勘察阶段、选址勘察阶段：可利用恰当比例尺的地形图依地形地物特征确定钻探点位和孔口高程。

钻进深度、岩土分层深度的量测误差范围不应低于 ±5cm。

因障碍改变钻探点位时，应将实际钻探位置及时标明在平面图上，注明与原桩位的偏差距离、方位和地面高差，必要时应重新测定点位。

（2）采取原状土样的钻孔，口径不得小于 91mm，仅需鉴别地层的钻孔，口径不宜小于 36mm；在湿陷性黄土中，钻孔口径不宜小于 150mm。

（3）应严格控制非连续取芯钻进的回次进尺，使分层精度符合要求。

螺旋钻探回次进尺不宜超过 1.0m，在主要持力层中或重点研究部位，回次进尺不宜超过 0.5m，并应满足鉴别厚度小至 20cm 的薄层要求。对岩芯钻探，回次进尺不得超过岩芯管长度，在软质岩层中不得超过 2.0m。

在水下粉土、砂土层中钻进，当土样不易带到地面时，可用对分式取样器或标准贯入器间断取样，其间距不得大于 1.0m。取样段之间则用无岩芯钻进方式通过，亦可采用无泵反循环方式用单层岩芯管回转钻进并连续取芯。

（4）为了尽量减少对地层的扰动，保证鉴别的可靠性和取样质量，对要求鉴别地层和取样的钻孔，均应采用回转方式钻进，取得岩土样品。遇到卵石、漂石、碎石、块石等类地层不适用于回转钻进时，可改用振动回转方式钻进。

对鉴别地层天然湿度的钻孔，在地下水位以上应进行干钻。当必须加水或使用循环液时，应采用能隔离冲洗液的二重或三重管钻进取样。在湿陷性黄土中应采用螺旋钻头钻进，亦可采用薄壁钻头锤击钻进，操作应根据"分段钻进、逐次缩减、坚持清孔"的原则进行。

对可能坍塌的地层应采取钻孔护壁措施。在浅部填土及其他松散土层中可采用套管护壁。在地下水位以下的饱和软黏性土层、粉土层和砂层中宜采用泥浆护壁。在破碎岩层中可视需要采用优质泥浆、水泥浆或化学浆液护壁。冲洗液漏失严重时，应采取充填、封闭等堵漏措施。钻进中应保持孔内水头压力等于或稍大于孔周地下水压，提钻时应能通过钻头向孔底通气通水，防止孔底土层由于负压、管涌而受到扰动破坏。如果采用螺纹钻头钻进，则引起管涌的可能性较大，故必须采用带底阀的空心螺纹钻头，以防止提钻时产生负压的情况。

（5）岩芯钻探的岩芯采取率应逐次计算，完整和较完整岩体不应低于80%，较破碎和破碎岩体不应低于65%。对需重点查明的部位（滑动带、软弱夹层等）应采用双层岩芯管连续取芯。当需要确定岩石质量指标RQD时，应采用75mm口径（N型）双层岩芯管和金刚石钻头。

（6）钻进过程中各项深度数据均应通过测量获取，累计量测允许误差为±5cm。深度超过100m的钻孔以及有特殊要求的钻孔包括定向钻进、跨孔法测量波速，应测斜、防斜，保持钻孔的垂直度或预计的倾斜度与倾斜方向。对垂直孔，每50m测量一次垂直度，每深100m允许偏差为±2°。对斜孔，每25m测量一次倾斜角和方位角，允许偏差应根据勘探设计要求确定。钻孔斜度及方位偏差超过规定时，应及时采取纠斜措施，倾角及方位的量测精度应分别为±0.1°、±3.0°。

4. 地下水观测

对钻孔中的地下水位及动态，含水层的水位标高、厚度、地下水水温、水质、钻进中冲洗液消耗量等，要及时做好观测记录。

钻进中遇到地下水时，应停钻量测初见水位。为测得单个含水层的静止水位，对砂类土停钻时间不少于30min；对粉土不少于1h；对黏性土层不少于24h，并应在全部钻孔结束后，同一天内量测各孔的静止水位。水位量测可使用测水钟或电测水位计。水位允许误差为±1.0cm。

钻孔深度范围内有两个以上含水层，且钻探任务书要求分层量测水位时，在钻穿第一含水层并进行静止水位观测之后，应采用套管隔水的方法，抽干孔内存水，变径钻进，再对下一含水层进行水位观测。

因采用泥浆护壁影响地下水位观测时，可在场地范围内另外布置若干专用的地下水位观测孔，这些钻孔可改用套管护壁。

5. 钻探编录与成果

野外记录应由经过专业训练的人员承担。钻探记录应在钻探进行过程中同时完成，严禁事后追记，记录内容应包括岩土描述及钻进过程两个部分。

钻探现场记录表的各栏均应按钻进回次逐项填写。在每个回次中发现变层时，应分行填写，不得将若干回次或若干层合并一行记录。现场记录不得誊录转抄，误写之处可以画去，在旁边做更正，不得在原处涂抹修改。

（1）岩土描述

钻探现场描述可采用肉眼鉴别、手触方法，有条件或勘察工作有明确要求时，可采用微型贯入仪等标准化、定量化的方法。

各类岩土描述应包括的内容如下：

砂土：应描述名称、颜色、湿度、密度、粒径、浑圆度、胶结物、包含物等。

黏性土、粉土：应描述名称、颜色、湿度、密度、状态、结构、包含物等。

岩石：应描述颜色、主要矿物、结构、构造和风化程度。对沉积岩应描述颗粒大小、形状、胶结物成分和胶结程度，对岩浆岩和变质岩，应描述矿物结晶大小和结晶程度。对岩体的描述应包括结构面、结构体特征和岩层厚度。

（2）钻进过程的记录内容

钻进过程的记录内容应符合下列要求：

1）使用的钻进方法、钻具名称、规格、护壁方式等。

2）钻进的难易程度、进尺速度、操作手感、钻进参数的变化情况。

3）孔内情况，应注意缩径、回淤、地下水位或冲洗液位及其变化等。

4）取样及原位测试的编号、深度位置、取样工具名称规格、原位测试类型及其结果。

5）岩芯采取率、RQD值等。

应对岩芯进行细致的观察、鉴定，确定岩土体名称，进行岩土有关物理性状的描述。钻取的芯样应由上而下按回次顺序放进岩芯箱并按次序将岩芯排列编号，芯样侧面上应清晰标明回次数、块号，本回次总块数，如用 10⅜ 表示第 10 回次共 8 块芯样中的第 3 块；并做好 8 岩芯采取情况的统计工作，包括岩芯采取率、岩芯获得率和岩石质量指标的统计。

以上指标均是反映岩石质量好坏的标准，其数值越大，反映岩石性质越好。但是，性质并不好的破碎或软弱岩体，有时也可以取得较多的细小岩芯，倘若按岩芯采取率与岩芯获得率统计，也可以得到较高的数值，按此标准评价其质量，显然不合理。因此，在实际中，人们广泛使用 RQD 指标进行岩芯统计，以评价岩石质量好坏。

6）其余异常情况。

（3）钻探成果

资料整理主要包括：

1）编制钻孔柱状图。

2）填写操作及水文地质日志。

3）岩土芯样可根据工程要求保存一定期限或长期保存，亦可进行岩芯素描或拍摄岩芯、土芯彩照。

这三份资料实质上是前述工作的图表化直观反映。它们是最终的钻探成果，一定要认真整理、编制，存档以备查用。

三、工程地质坑探

当钻探方法难以准确查明地下情况时，可采用探井、探槽进行勘探。在坝址、地下工程、大型边坡等勘察中，当需详细查明深部岩层性质、构造特征时，可采用竖井或平硐。

1.坑探工程类型

坑探是由地表向深部挖掘坑槽或坑洞，以便地质人员更加深入地下了解有关地质现象或进行试验等使用的地下勘探工作。勘探中常用的勘探工程包括探槽、试坑、浅井（或斜井）、平硐、石门（平巷）等类型。

2.坑探工程施工要求

探井的深度，竖井和平硐的深度、长度、断面，按工程要求确定。

探井断面可用圆形或矩形。圆形探井直径可取 0.8~1.0m，矩形探井可取 0.8m×1.2m。根据土质情况，需要适当放坡或分级开挖时，井口可大于上述尺寸。

探井、探槽深度不宜超过地下水位且不宜超过 20m。掘进深度超过 10m，必要时应向井槽底部通风。

土层易坍塌，又不允许放坡或分级开挖时，对井、槽壁应设支撑保护。根据土质条件可采用全面支护或间隔支护。全面支护时，应每隔 0.5m 及在需要着重观察部位留下检查间隙。

探井、探槽开挖过程中的土石方必须堆放在离井、槽口边缘至少 1.0m 以外的地方。雨季施工应在井、槽口设防雨棚，开挖排水沟，防止地面水及雨水流入井、槽内。遇大块孤石或基岩，用一般方法不能挖掘时，可采用控制爆破方式掘进。

3.资料成果整理

坑探掘进过程中或成洞后，应详细进行有关地质现象的观察描述，并将所观察到的内容用文字及图表表示出来，即工程地质编录工作。除文字描述记录外，还应以剖面图、展示图等反映井槽、洞壁和底部的岩性、地层分界、构造特征、取样和原位试验位置并辅以代表性部位的彩色照片。

（1）坑洞地质现象的观察描述

观察、描述的内容因类型及目的不同而有所差别，一般包括：地层岩性的分层和描述，地质结构（包括断层、裂隙、软弱结构面等）特征的观察描述，岩石风化特点描述及分带，地下水渗出点位置及水质水量调查，不良地质现象调查等。

（2）坑探工程展视图编制

展视图是任何坑探工程必须制作的重要地质图件，它是将每一壁面的地质现象按划分的单元体和一定比例尺表示在一张平面图上。对坑洞任一壁（或顶底）面而言，展示图的做法同测制工程地质剖面方法完全一样。但如何把每个壁面有机地连在一起，表示在一张图上，则有不同的展开表示方法。原则上，既要如实反映地质内容，又要图件实用美观，一般采用如下展开方法。

1）四面辐射展开法

该法是将四壁各自向外放平，投影在一个平面上。对试坑或浅井等近立方体坑洞可以采用这种方法。缺点是四面辐射展开图件不够美观，并且地质现象往往被割裂开来。

2）四面平行展开法

该法是以一面为基准，其他三面平行展开。浅井、竖井等竖向长方体坑洞宜采用此种展开法。缺点是图中无法反映壁面的坡度。平硐这类水平长方体，宜以底面（或顶面）为基准两壁面展开，为了反映顶、底、两侧壁及工作面等5个面的情况。在展开过程中，常常遇到开挖面不平直或有一定坡度的问题。一般情况下，可按理想的标准开挖面考虑；否则，通过其他方法予以表示。

四、岩土试样的采取

取样的目的是通过对样品的鉴定或试验，试验岩土体的性质，获取有关岩土体的设计计算参数。岩土体，特别是土体，通常是非均质的，而取样的数量总是有限的，因此必须力求以有限的取样数量反映整个岩土体的真实性状。这就要求采用良好的取样技术，包括取样的工具和操作方法，使所取试样能尽可能地保持岩土体的原位特征。

1.土试样的质量分级

严格地说，任何试样，一旦从母体分离出来成为样品，其原位特征都或多或少会发生改变，围压的变化更是不可避免的。试样从地下到达地面之后，原位承受的围压降低至大气压力。

土试样可能因此产生体积膨胀，孔隙水压的重新分布，水分的转移，岩石试样则可能出现裂隙地张开，甚至发生爆裂。软质岩石与土试样很容易在取样过程中受到结构的扰动破坏，取出地面之后，密度、湿度改变并产生一系列物理、化学的变化。由于这些原因，绝对地代表原位性状的试样是不可能获得的。因此，伏斯列夫将"能满足所有室内试验要求，能用以近似测定土的原位强度，固结、渗透以及其他物理性质指标的土样"定义为"不扰动土样"。从工程实用角度而言，用于不同试验项目的试样有不同的取样要求，不必强求一律。例如，要求测定岩土的物理、化学成分时，必须注意防止有同层次岩土的混淆；要了解岩土的密度和湿度时，必须尽量减轻试样的体积压缩或松胀、水分的损失或渗入；要了解岩土的力学性质时，除上述要求外，还必须力求避免试样的结构扰动破坏。

土试样扰动程度的鉴定有多种方法，大致可分以下几类：

（1）现场外观检查

观察土样是否完整，有无缺陷，取样管或衬管是否挤扁、弯曲、卷折等。

（2）测定回收率

按照伏斯列夫的定义，回收率为 L/H，其中，H 为取样时取土器贯入孔底以下土层的深度；L 为土样长度，可取土试样毛长，可以不必是净长，即可从土试样顶端算至取土器刃口，下部如有脱落可不扣除。

回收率等于 0.98 左右是最理想的，大于 1.0 或小于 0.95 是土样受扰动的标志；取样回收率可在现场测定，但使用敞口式取土器时，测量有一定的困难。

（3）X 射线检验

该检验可发现裂纹、空洞、粗粒包裹体等。一般而言，事后检验把关并不是保证土试样质量的积极措施。对土试样做质量分级的指导思想是强调事先的质量控制，即对采取某一级别土试样所必须使用的设备和操作条件做出严格的规定。

2. 土试样采取的工具和方法

土样采取有两种途径：一是操作人员直接从探井、探槽中采取；二是在钻孔中通过取土器或其他钻具采取。从探井、探槽中采取的块状或盒状土样被认为是质量最高的。对土试样质量的鉴定，往往以块状或盒状土样作为衡量比较的标准。但是，探井、探槽开挖成本高、时间长并受到地下水等多种条件的制约，因此块状、盒状土样不是经常能得到的。实际工程中，绝大部分土试样是在钻孔中利用取土器具取得的。个别孔取样需要根据岩土性质、环境条件，采用不同类型的钻孔取土器。

3. 钻孔取样的技术要求

钻孔取样的效果不单纯决定于采用什么样的取土器，还取决于取样全过程的操作技术。在钻孔中采取 I、II 级砂样时，应满足下列要求：

（1）钻孔施工的一般要求

1）采取原状土样的钻孔，孔径应比使用的取土器外径大一个径级。

2）在地下水位以上，应采用干法钻进，不得注水或使用冲洗液。

3）在饱和软黏性土、粉土、砂土中钻进，宜采用泥浆护壁；采用套管时应先钻进后跟进套管，套管的下设深度与取样位置之间应保留三倍管径以上的距离；不得向未钻过的土层中强行击入套管；为避免孔底土隆起造成扰乱，应始终保持套管内的水头高度等于或稍高于地下水位。

4）钻进宜采用回转方式；在地下水位以下钻进应采用通气通水的螺旋钻头、提土器或岩芯钻头，在鉴别地层方面无严格要求时，也可以采用侧喷式冲洗钻头成孔，但不得使用底喷式冲洗钻头；在采取原状土试样的钻孔中，不宜采用振动或冲击方式钻进，采用冲洗、冲击、振动等方式钻进时，应在预计取样位置 1m 以上改用回转钻进。

5）下放取土器前应仔细清孔，清除扰动土，孔底残留浮土厚度不应大于取土器废土段长度（活塞取土器除外）且不得超过5cm。

6）钻机安装必须牢固，保持钻进平稳，防止钻具回转时抖动，升降钻具时应避免对孔壁的扰动破坏。

（2）贯入式取土器取样操作要求

1）取土器应平稳下放，不得冲击孔底。取土器下放后，应核对孔深与钻具长度，发现残留浮土厚度超过规定时，应提起取土器重新清孔。

2）采取Ⅰ级原状土试样，应采用快速、连续的静压方式贯入取土器，贯入速度不小于0.1m/s，利用钻机的给进系统施压时，应保证具有连续贯入的足够行程；采取Ⅱ级原状土试样可使用间断静压方式或重锤少击方式。

3）在压入固定活塞取土器时，应将活塞杆牢固地与钻架连接起来，避免活塞向下移动；在贯入过程中监视活塞杆的位移变化时，可在活塞杆上设定相对于地面固定点的标志测记其高差；活塞杆位移量不得超过总贯入深度的1%。

4）贯入取样管的深度宜控制在总长的90%左右，贯入深度应在贯入结束后仔细量测并记录。

5）提升取土器之前，为切断土样与孔底土的联系，可以回转2~3圈或者稍加静置之后再提升。

6）提升取土器应做到均匀平稳，避免磕碰。

4. 土样的现场检验、封装、贮存、运输

（1）土试样的卸取

取土器提出地面之后，小心地将土样连同容器（衬管）卸下，并应符合下列要求：

1）以螺钉连接的薄壁管，卸下螺钉即可取下取样管。

2）对丝扣连接的取样管、回转型取土器，应采用链钳、自由钳或专用扳手卸开，不得使用管钳之类易于使土样受挤压或使取样管受损的工具。

3）采用外管非半合管的带衬管取土器时，应使用推土器将衬管与土样从外管推出，并应事先将推土端土样削至略低于衬管边缘，防止推土时土样受压。

4）对各种活塞取土器，卸下取样管之前应打开活塞气孔，消除真空。

（2）土样的现场检验

对钻孔中采取的Ⅰ级原状土试样，应在现场测量取样回收率。取样回收率大于1.0或小于0.95时，应检查尺寸量测是否有误，土样是否受压，根据情况决定土样废弃或降低级别使用。

（3）封装、标识、贮存和运输

Ⅰ、Ⅱ、Ⅲ级土试样应妥善密封，防止湿度变化，土试样密封后应置于温度及湿度变化小的环境中，严防暴晒或冰冻。土样采取之后至开土试验之间的贮存时间，不宜超过两周。

土样密封可选用以下方法：

1）将上下两端各去掉约 20mm，加上一块与土样截面面积相当的不透水圆片，再浇灌蜡液，至与容器齐平，待蜡液凝固后扣上胶或塑料保护帽。

2）用配合适当的盒盖将两端盖严后将所有接缝用纱布条蜡封或用黏胶带封口。每个土样封蜡后均应填贴标签，标签上下应与土样上下保持一致，并牢固地粘贴于容器外壁。土样标签应记载下列内容：工程名称或编号，孔号、土样编号、取样深度，土类名称，取样日期，取样人姓名等。土样标签记载应与现场钻探记录相符。取样的取土器型号、贯入方法、锤击次击数、回收率等都应在现场记录中详细记载。

运输土样，应采用专用土样箱包装，土样之间用柔软缓冲材料填实。一箱土样总重不宜超过 40kg，在运输中应避免振动。对易于振动液化和水分离析的土试样，不宜长途运输，宜在现场就近进行试验。

5. 岩石试样

岩石试样可利用钻探岩芯制作或在探井、探槽、竖井和平硐中刻取。采取的毛样尺寸应满足试块加工的要求。在特殊情况下，试样形状、尺寸和方向由岩体力学试验设计确定。

五、工程地质物探

应用于工程建设、水文地质和岩土工程勘测中的地球物理勘探统称为工程物探（以下简称"物探"）。它是利用专门仪器探测地壳表层各种地质体的物理场，包括电场、磁场、重力场等，通过测得的物理场特性和差异来判明地下的各种地质现象，获得某些物理性质参数的一种勘探方法。这些物理场特性和差异分别由于各地质体间导电性、磁性、弹性、密度、放射性、波动性等物理性质及岩土体的含水性、空隙性、物质成分、固结胶结程度等物理状态的差异表现出来。采用不同探测方法可以测定不同的物理场，因而便有电法勘探、地震勘探、磁法勘探等物探方法。目前常用的方法有：电法、地震法、测井法、岩土原位测试技术、基桩无损检测技术、地下管线探测技术、氢气探测技术、声波测试技术、瑞雷波测试技术等。

1. 物探在岩土工程勘察中的作用

物探是地质勘测、地基处理、质量检测的重要手段。结合工程建设勘测设计的特点，合理地使用物探，可提高勘测质量，缩短工作周期，降低勘探成本。岩土工程勘察中可在下列方面采用地球物理勘探：

（1）作为钻探的先行手段，了解隐蔽的地质界线、界面或异常点。

（2）作为钻探的辅助手段，在钻孔之间增加地球物理勘探点，为钻探成果的内插、外推提供依据。

（3）作为原位测试手段，测定岩土体的波速、动弹性模量、特征周期、土对金属的腐蚀性等参数。

2. 物探方法的适用条件

运用地球物理勘探方法时，应具备下列基本条件：

（1）被探测对象与周围介质应存在明显的物性（电性、弹性、密度、放射性等）差异。

（2）探测对象的厚度、宽度或直径，相对于埋藏深度应具有一定的规模。

（3）探测对象的物性异常能从干扰背景中清晰分辨。

（4）地形影响不应妨碍野外作业及资料解释，或对其影响能利用现有手段进行地形修正。

（5）物探方法的有效性，取决于最大限度地满足被探测对象与周围介质之间应存在的明显物性差异。在实际工作中，由于地形、地貌、地质条件的复杂多变，在具体应用时，应符合下列要求：

1）通过研究和在有代表性地段进行方法的有效性试验，正确选择工作方法；

2）利用已知地球物理特征进行综合物探方法研究；

3）运用勘探手段查证异常性质；

4）结合实际地质情况对异常进行再推断。

物探方法的选择，应根据探测对象的埋深、规模及其与周围介质的物性差异，结合各种物探方法的适用条件选择有效的方法。

3. 物探的一般工作程序

物探的一般工作程序是：接受任务、收集资料、现场踏勘、编制计划、方法试验、外业工作、资料整理、提交成果。在特殊情况下，可以简化上述程序。

在正式接受任务前，应会同地质人员进行现场踏勘，如有必要应进行方法试验。通过踏勘或方法试验确认不具备物探工作条件时，可申述理由请求撤销或改变任务。

工作计划大纲应根据任务书要求，在全面收集和深入分析测区及其邻近区域的地形，地貌、水系、气象、交通、地质资料与已知物探资料的基础上，结合实际情况进行编制。

4. 物探成果的判释及应用

物探过程中，工程地质、岩土工程和地球物理勘探的工程师应紧密配合，共同制订方案，分析判译成果。

在进行物探成果判释时，应考虑其多解性，区分有用信息与干扰信号。物探工作必须紧密地与地质相结合，重视试验及物性参数的测定，充分利用岩土介质的各种物理特性，需要时应采用多种方法探测，开展综合物探，进行综合判释，克服单一方法条件性、多解性的局限，以获得正确的结论，并应有已知物探参数或一定数量的钻孔验证。

物探工作应积极采用和推广新技术，开拓新应用途径，扩大应用范围，重视物探成果的验证及地质效果的回访。

结 语

　　地质勘察是建筑施工的基础，而地质测绘更是勘察的首要环节，正确认识地质测绘的重要性，充分发挥地理信息技术与遥感技术的重要作用，可以有效降低地质对建筑质量的威胁，降低影响建筑工程的安全隐患，对提高建筑工程质量安全有着非常重要的作用。

　　将测绘新技术应用于通信工程勘察测绘中，要在遵循设计规划提供的路杆明细表和线路走向图等相应材料的基础上进行，同时要与工程项目的具体情况相结合，在符合施工规范标准的前提下，对线路施工测量的偏移量和方向进行比较，必须保持偏移的误差在规定范围内，如此才能保证测绘精确性有所提高。在具体测绘的过程中，要在全球定位系统上设立相应的基准点，同时要放置电台、电池、接收机之类的设备，再将移动电台、接收机以及 GPS 天线放在移动站上，然后应用连续载波差分测量的途径，对数据进行测量和处理，从而得出精确度较高的测绘结果。

　　随着我国经济的持续快速发展，科学技术水平的不断提高，测绘技术在地质勘察领域得到了空前的发展和应用。一系列测绘新技术在地质测绘工程中的运用，不仅为地质工程勘察提供了高精度的数据支持，也推动了地质工程测绘事业的蓬勃发展。在未来的地质勘察工作中，仍需要进一步加强对测绘新技术的开发与应用，为我国地质测绘工程的有序、顺利开展提供强有力的技术保障。

参考文献

[1] 尹晓峰 . 测绘地理信息技术在地质勘察工作中的应用探讨 [J]. 中国金属通报 ,2021(5):160-161.

[2] 刘思军 . 探讨加强岩土工程地质勘察技术措施 [J]. 中国金属通报 ,2021(4):173-174.

[3] 张章 . 无人机航拍测绘技术对地质灾害的勘查分析 [J]. 中国金属通报 , 2021(3):123-124.

[4] 游成杰 , 华超明 . 加强岩土工程地质勘察技术对策研究 [J]. 大众标准化 ,2021(3):46-48.

[5] 朱文 . 对地质勘探中测绘测量技术应用的全面探讨 [J]. 居舍 ,2021(3):72-73+97.

[6] 陈冲 .GPS 测绘技术及其在地质测绘中的应用 [J]. 中国金属通报 ,2021(1):153-154.

[7] 项京 . 隧道复杂地质环境下的岩土工程勘察与评价研究 [J]. 世界有色金属 ,2021(1):205-206.

[8] 杨秀龙 . 基础地质工程与地质勘察应用探讨 [J]. 中国金属通报 ,2020(9):168-169.

[9] 李国亮 . 岩土勘察工程地质测绘工作意义探究 [J]. 决策探索 (中),2020(7):79-80.

[10] 李会芳 .GPS 技术在地质工程勘察测绘中的应用 [J]. 城市建设理论研究 (电子版),2020(18):93-94.

[11] 胥林 . 测绘新技术在地质工程勘察中的运用研究 [J]. 中国金属通报 ,2020(06):220-221.

[12] 吉喆 .GPS 技术在地质工程勘察测绘中的应用措施 [J]. 科学技术创新 ,2020(15):121-122.

[13] 王有祥 . 论 GPS 技术在地质工程勘察测绘中的应用 [J]. 城市建设理论研究 (电子版),2020(13):88-89.

[14] 王旁勇 . 测绘新技术在工程测量中的应用 [J]. 冶金管理 ,2020(7):166+168.

[15] 关鹮 . 地质工作中水工环地质勘察的关键技术及应用范围分析 [J]. 世界有色金属 ,2020(7):286-287.

[16] 段尊风 , 何玉春 . 测绘地理信息技术在地质勘查工作中的应用 [J]. 四川水

泥 ,2020(3):149.

[17] 杨海平 . 现代测绘技术在交通与公路工程中的运用分析 [J]. 黑龙江交通科技 ,2020,43(3):51+53.

[18] 罗仁辉 . 提升地质勘探与地质勘察水平的有效措施 [J]. 冶金管理 ,2020(5):108+110.

[19] 周桂祥 . 现代测绘技术在城市规划测量领域的应用 [J]. 冶金管理 ,2020(3):157+159.

[20] 赵璇玑 . 测绘新技术在地质测绘工程中的应用研究 [J]. 世界有色金属 ,2019(23):192-193.

[21] 张伟 , 叶洋 . 水利工程勘察中的水文地质问题分析 [J]. 工程建设与设计 ,2019(24):113-114.

[22] 纪春芳 . 勘察技术在岩土工程施工中的应用研究 [J]. 湖北农机化 ,2019(24):93.

[23] 权浩 . 测绘新技术在水利工程中的应用 [J]. 智能城市 ,2019,5(24):188-189.

[24] 商健林 . 地质勘查中测绘新技术的应用及发展研究 [J]. 居舍 ,2019(36):8.

[25] 喻智华 . 测绘地理信息技术在地质勘查工作中的应用 [J]. 住宅与房地产 ,2019(33):153.

[26] 严荣鹤 . 地质工程勘察测绘中 GPS 技术应用 [J]. 世界有色金属 ,2019(17):227-228.

[27] 张晶 . 测绘新技术在地质工程勘察中的运用 [J]. 世界有色金属 ,2019(14):183-184.

[28] 张银川 . 岩土工程勘察中的基础地质技术应用 [J]. 居舍 ,2019(25):27.

[29] 曾许航 . 地质勘察测绘领域 GPSRTK 技术的运用分析 [J]. 科技风 ,2019(24):133.

[30] 严荣鹤 . 地质测绘中的现代测绘技术的应用分析 [J]. 四川水泥 ,2019(8):110.